伝説の入試良問

―数学的思考力が身につく―

永野裕之
NAGANO HIROYUKI

大和書房

はじめに

　本書を手に取っていただき、誠にありがとうございます。

　私は、数学塾の塾長と執筆活動を2本の柱にして、**数学を学ぶ意義と意味**をお伝えすることをライフワークにしています。数学教師としては個別指導一筋で、下は小学生から上は仕事をリタイアされたシニアの方に至るまで幅広く教えてきました。キャリアは20年を超えています。また、著者としてはこれまでに（本書を含めて）18冊の著作を書かせていただきました。

　さて、本書は<u>数学的思考力を身につけるための本</u>です。**題材として、中学校入試、高校入試、大学入試の数多ある問題の中から、将来伝説的に語り継がれることになるであろう究極の良問を集めました。**また、最後の章では社会的に有名な難問も取り上げています。本書で取り上げた問題には、公式や解法を暗記していれば易々と解けてしまうような問題は一問もありません。

　本書で身につく数学的思考力とは何か。それは、端的に言えば、**未知の問題を解決する力**です。よく（特に学生時代に数学が苦手だった方から）
「数学なんて勉強させられて損したよ。社会に出たら一度も使わないのだから、理系に進む人間だけの選択科目にすればいいのに」
という声を聞きます。確かに、社会に出て2次方程式を解く場面は減多にないでしょう。目の前の2つの図形が合同であることを証明しなくてはいけないシーンもふつうありません。でも、日本だけでなく、すべての先進国で数学は文系理系を問わず必須科目になっています。なぜでしょうか？

　数学を学ぶ真の目的は、2次方程式の解の公式や三角形の合同条件を暗記することではなく、それらを題材にして問題解決能力を養うことにあるからです。たとえば2次方程式の解の公式からは演繹的に問題を処理する醍醐味が、そして合同の証明からは、筋道を立てて正しさを説明する術を学ぶことができます。

　今日、機械学習とこれを応用したAI（人工知能）の技術が急速に発展しています。既知の問題に対する対処法を学び、それをパターン化して問題

を処理していくことにかけては、近い将来、人間の出る幕はなくなるでしょう。

　一方で、現代はすさまじい勢いで変化しています。昨日までの正解が今日からは不正解ということも珍しくありません。誰かが用意してくれた「答え」が役に立つ時代はとうに終わりました。常に降りかかってくる新しい未知の問題を、自分の頭で考えて解決していく**数学的思考力が今ほど必要な時代はかつてないと私は思っています**。

　一口に「数学的思考力」と言いますが、それは以下の7つの力が複合的に合わさった力である、というが私の持論です。

① 情報を整理する力
② 様々な視点から見る力
③ 具体化する力（イメージする力）
④ 抽象化する力（モデル化する力）
⑤ 分解する力
⑥ 変換する力
⑦ 総合し説明する力

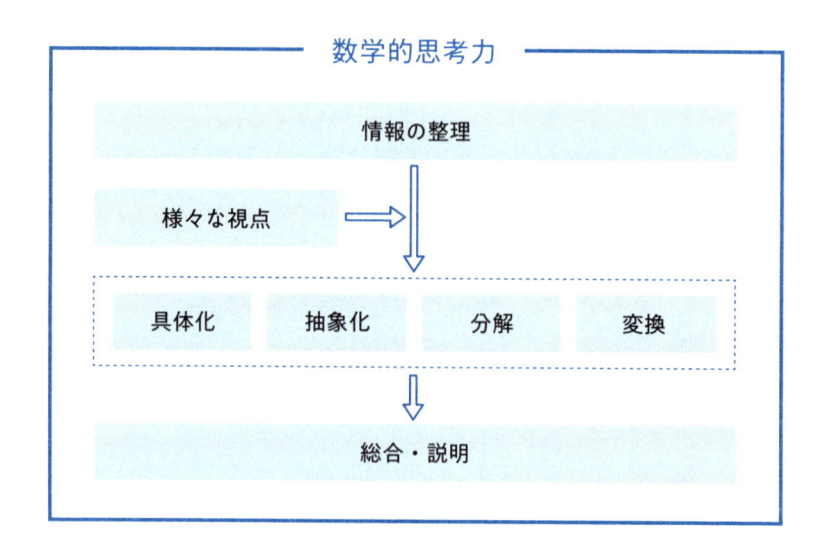

問題を解くにあたり最初にすべきことは**情報の整理**です。その上で**様々な視点**からこれを眺めます。もし状況が分かりづらいのなら思考実験等を通じて**具体化**しイメージを膨らませます。逆に具体的な事柄から余計な情報をそぎ落としモデル化するという**抽象化**が必要な場合もあります。この具体と抽象を行き来する中で演繹的処理を随時行う力も大切です。また、難問であればあるほど問題を**分解**し困難を分割します。さらにはより考えやすいものへと**変換**することが有用であることも少なくありません。

　以上のアプローチを複合的に組み合わせれば大抵の問題は解決への緒が見えてきますが、まだ安心するのは早いです。数学的であるとは論理的であるということであり、論理的であるとは誰でも理解ができるということですから、最後には自分が行った思考のプロセスを**総合**し順序よく**説明**する力が求められます。

　本書にはこうした数学的思考力のひとつひとつを鍛えるのに最適な良問を厳選しました。私が問題を選ぶにあたって留意したことは次の点です。

- 公式に数字をあてはめれば解けるような問題ではない
- 問題の意味がわかりやすい
- 独創的である
- 多くの知識を必要としない
- 計算が複雑すぎない
- 解く喜びが大きい
- 数学的思考力を成す7つの力がバランス良く試せる
- 文系の方が履修済みの内容である（高校編の第18問を除く）
- 出題者の想いが伝わってくる

　本書におさめた問題は、灘、開成、桜蔭、慶應、東大、京大等の入試や数学（算数）オリンピック等で出題された問題です。各場面における**最高難度であると同時に最高品質の問題**であると言っていいでしょう。

　どの問題を見ても、日本の将来を導く人材を育てんとする教育者たちの矜持を感じずにはいられません。私は一数学教師として、これらの問題を

生み出した方々に心からの拍手を送ります。よくぞ、それぞれの制約の中で、ここまで見事な問題を作られたものだと尊敬申し上げます。

知識を問う問題を作ることは簡単です。闇雲に状況を複雑にしたり、計算を面倒にしたりして「奇問」を作るのも難しくありません。一方、シンプルでありながら、独創的で、なおかつ学問的に極めて豊かな内容をもったこれらの問題を作ることは至難の業であり芸術的であるとさえ言えると思います。だからこそ「良問」なのです。

本書の読者対象

本書におさめた問題はどれも一筋縄ではいかない難問ですから、まずは**数学に自信のある方**（学生時代に数学の成績がトップクラスだった方）の挑戦をお待ちしています。各問に設けられた難易度と目標解答時間はこうした方々のことを念頭において設定しました。

もちろん、**数学に自信のない方**も**大歓迎**です。きっと「数学的思考力が身につく」という部分に興味を持ってくださったのだと思いますが、後に記します本書の使い方を守っていただければ、きっとご期待に応えられると思います。

一方で、数学にはそれほど自信がないけれど、**数学的思考力とやらがどんなものかを知りたい文系の方**にも是非、読んでいただきたいです。そのため、高校編の第18問（東大の積分の問題）を除き、**文系の方が履修済の内容を題材にした問題**を集めてあります。

本書の特色

本書はどの問題も概ね次の5つのブロックに分かれています。

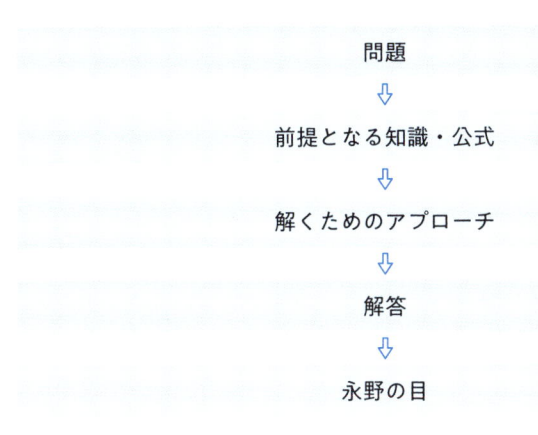

問題
⇩
前提となる知識・公式
⇩
解くためのアプローチ
⇩
解答
⇩
永野の目

　まず、**数学的思考力を鍛えることと知識・公式を頭に入れることとははっきり区別をしたいので**、最初にその問題を解くのに前提となる知識と公式をまとめました（時々このセクションがない問題がありますが、それは前提となる知識や公式が特にないという意味です）。

　次の**「解くためのアプローチ」こそが本書の肝です**。私は本書を良問とその解答が載った単なる「問題集」にするつもりはありません。ため息が出るようなエレガントな解法を披露する気もないです（他書にお任せします）。私が本書でどうしてもお伝えしたいのは、最高の難度を誇る問題であっても、**「正しく数学的思考力を使い、ひとつずつステップを踏めばちゃんとゴールに辿り着ける」**ということです。そのためには、多少冗長になる部分も、多少泥臭くなる部分も、この「アプローチ」の中であえてお見せしたいと思っています。問題を読んで最初はどう取り組めばいいかまったく分からない場合でも、<u>**「アプローチ」の中で私と一緒に考えていただければ、確実に数学的思考力を身につけることができます。**</u>

　最後のコラム的な「永野の目」は作問者の方の想いを代弁するつもりで書きました。また、その問題に使った数学的思考力で解ける類題の紹介や数学的に重要だと思われる事柄についての詳しい解説も加えてあります。

本書の取り組み方

まずは問題を、目標解答時間を目安に解いてみてください。その際「前提となる知識・公式」にはすぐに目を通していただいて構いません。もし時間内に自力で解ききることができれば、大したものです。自信を深めていただいて結構です。

目標解答時間内に解けなかった場合には「アプローチ」へと進んでください。前述の通り、数学的思考力をどう使い、そしてどのように切り込んでいくかがくどいくらいに書かれています。ここで私と一緒にウンウンと考えていただくことが最も重要です。

「解答」はできるだけ端折らずに「行間」を書きました。「アプローチ」の後にじっくり読んでいただければ、文系の方にもきっと納得していただけることと思います。

繰り返すようですが、本書に収められた問題は難しいです。でも、数学的思考力を頼りに、一歩ずつ前に進めば光が見えてきます。裏技的な突飛な解法を知らなくても、**王道を歩けば必ず踏破できる、それこそが良問の良問たる所以なのです。**

本書におさめられた珠玉の良問を通して、数学的思考力を使って問題を解決していく醍醐味を発見していただければ、筆者としてこれ以上の喜びはありません。

さあ、一緒に楽しみましょう！

永野裕之

CONTENTS

CHAPTER 0 - 1

小学校 編

PRIMARY SCHOOL LEVEL

この章に収められているのはもちろん「算数」の問題です。算数と聞くと数学が得意な方は「きっと簡単だろう」と思われるかもしれません。でも、本書に選んだ6問は、数学が得意な方であっても、決して与しやすい問題ではないと思います。

その理由は2つあります。ひとつはこれらの問題を解くために必要な力は紛れもない「数学的思考力」であり、どれも中学生や高校生が解く数学の難問と比べても何ら遜色のない、まさに堂々たる良問だからです。

そして、もうひとつは、（もし中学受験を目指す小学生と同じように算数的手法で解くことを自らに課すなら）文字式を使って一般化するという解法が使えないからです。にもかかわらず、思考の上では具体と抽象を往復するような数学的思考力必要であるというところが、数学的手法を使って解くことに慣れている読者の方にはかえって解きづらく感じるかもしれません。

第 **01** 問

「実験」する力が試される問題

本郷中学校 2007年度 ▸難易度: 易 **並** 難 ▸目標解答時間: **10**分

問 0から7までの数字で部屋番号を表示している20階建てのホテルがあります。各階にはそれぞれ40部屋あり総数は800部屋です。1階の7番目の部屋番号は0107、8番目の部屋番号は0110、7階の最初の部屋番号は0701、8階の最初の部屋番号は1001となります。

（1）790番目の部屋番号を答えなさい。

（2）このホテルで1の数字がつく部屋番号は全部で何部屋ありますか。

（3）このホテルの経営者がかわり、0、1、2、3、4、5、6、7、8、9、10、11、12、13、14、15の数字の代わりに0、1、2、3、4、5、6、7、8、9、A、B、C、D、E、Fを使って部屋番号を付け替えることになりました。1階の最初の部屋番号は0101、10番目の部屋番号は010A、16番目の部屋番号は0110です。また、15階の最初の部屋番号は0F01となります。このときCがつく部屋番号は全部で何部屋ありますか。

（1）を解くためのアプローチ

「0～7しか使っちゃいけないってことは…8進法だな！」と考えられる人は比較的容易に解決できると思いますが、ここではいわゆる**n進法**の知識がないという前提で考えていきたいと思います。

0～7しか使えないというのは特殊な状況ですから、状況がイメージしづらいですね。こういうときは、いくつか実際に書いてみるいわば「実験」がとても有効です。ただし、何かしらの**規則性**が見えるような形で書き出す工夫は欲しいところです。

(1)の解答

　問題文に「各階にはそれぞれ40部屋」とあるので、たとえば1階は次のようになります。

1階

1行目			0101	0102	…	0106	0107	⇨ 7部屋
2行目	0110	0111	0112	…	0116	0117	
	⋮	⋮	⋮	…			⇨ 8部屋 × 4
5行目	0140	0141	0142	…	0146	0147	
6行目	0150							⇨ 1部屋

　まず、790番目の部屋が何階にあるのかを調べましょう。各階に40部屋ですから

$$790 \div 40 = 19 \cdots 30$$

という計算をすれば、790番目の部屋は20階にあることがわかります。また、余りが30であることから、**790番目の部屋は20階の30番目**の部屋です。

　上の「実験」を見ると、最初の1行目は7部屋、2行目～5行目が8部屋（6行目は1部屋）なので、

$$30 = 7 + 8 + 8 + 7$$

と考えて、30番目の部屋はその階の4行目の前から7番目（後ろから2番目）すなわち、**部屋番号の末尾2桁は36**です。

20階

1行目		2401	2402	…	2406	2407	⇨ 7部屋
2行目	2410	2411	2412	…	2416	2417	⇨ 8部屋
3行目	2420	2421	2422	…	2426	2427	⇨ 8部屋
4行目	2430	2431	2432	…	(2436)	2437	
	1番目	2番目	3番目		7番目		

（2行目～3行目 ⟩ 23部屋）

また、20階の部屋番号を早合点して「20□□」としてはいけません。0〜7しか使えないので「07□□」となる7階の後、8階は「10□□」になります。同じように考えれば16階が「20□□」です。20階は「24□□」になります。

7階	07□□
8階	10□□
9階	11□□
10階	12□□
⋮	
15階	17□□
16階	20□□
17階	21□□
⋮	
20階	24□□

以上より、790番目の部屋の番号は…2436。

答え： 2436

（2）を解くためのアプローチ

1階の部屋番号は「01□□」なので全部屋に1がつきますが、2階の部屋番号は「02□□」なので1がつくのは一部の部屋だけです。そこで、まずは全部屋に1がつくフロアは何フロアあるかを調べましょう。

（1）を通してイメージを掴んだ人は頭の中で調べられるかもしれませんが、少しでも不安な場合はやはり実際に書いたほうが確実です。思考において「実験」はいつでも役に立つものですし、そもそもこのホテルは20階までしかありませんから、すべての階を書き出しても大したことはありません。

	1階	2階	3階	4階	5階	6階	7階
	01□□	02□□	03□□	04□□	05□□	06□□	07□□

8階	9階	10階	11階	12階	13階	14階	15階
10□□	11□□	12□□	13□□	14□□	15□□	16□□	17□□

16階	17階	18階	19階	20階
20□□	21□□	22□□	23□□	24□□

　上の表からわかるように、1階と8階〜15階と17階の**計10フロアは全部屋（40部屋）に1**がつきます。

　残りの10フロアで部屋番号に1がつく部屋の数を調べましょう。すべての階の下2桁の番号は同じなので、（1）で作った「1階」の表（11頁）が役に立ちます。部屋番号の下2桁に1がつくのは下の表の**十字の部分**です。

1行目		□□01	□□02	…	□□06	□□07
2行目	□□10	□□11	□□12	…	□□16	□□17
		⋮				
5行目	□□40	□□41	□□42	…	□□46	□□47
6行目	□□50					

　横に8つ、縦に5つの数字が並んでいて、交差部分の1つはダブるので、十字部分の（1がつく）部屋数は

$$8+5-1=\mathbf{12}$$

結局、部屋番号の上2桁に1がつく10フロアは全40部屋ずつ、残りの10フロアは12部屋ずつですから

$$40 \times 10 + 12 \times 10 = 520$$

と計算して、1の数字がつく部屋番号は…520部屋

答え：　　　　　　　　　　　**520部屋**

（3）を解くためのアプローチ

　（1）、（2）を通じて8毎に位が繰り上がること（8進法）に大分慣れてきたところですが、ここでルールが変わります…（涙）。

　今度は「0～9、10、11、12、13、14、15」の数字の代わりに「0～9、A、B、C、D、E、F」を使うとありますので、**16毎に位が繰り上がること**（今度は16進法）になるわけです。10を超えた数で繰り上がるのは、10未満の数で繰り上がるのよりもずっとイメージがしづらいですね…。ここは、覚悟を決めて少し多めの数で実験すべきでしょう。

　とは言え、さすがに全部を書くのは無理があります。そこで、**部屋番号の上2桁と下2桁をそれぞれ別の表にまとめて**、対応関係を調べます。

📝 (3) の解答

部屋番号の上2桁

	1階	2階	3階	4階	…	9階	10階	11階	12階	13階	14階	15階
	01□□	02□□	03□□	04□□	…	09□□	0A□□	0B□□	0C□□	0D□□	0E□□	0F□□

16階	17階	18階	19階	20階
10□□	11□□	12□□	13□□	14□□

部屋番号の下2桁：各階

	1番目	2番目	3番目	…	8番目	9番目	10番目	11番目	12番目	13番目	14番目	15番目
	□□01	□□02	□□03	…	□□08	□□09	□□0A	□□0B	□□0C	□□0D	□□0E	□□0F

16番目	17番目	18番目	19番目	…	24番目	25番目	26番目	27番目	28番目	29番目	30番目	31番目
□□10	□□11	□□12	□□13	…	□□18	□□19	□□1A	□□1B	□□1C	□□1D	□□1E	□□1F

32番目	33番目	34番目	35番目	…	40番目
□□20	□□21	□□22	□□23	…	□□28

この表が書けさえすれば、あとは簡単です。

12階は「0 C□□」なので全部屋（40部屋）にCがつきます。残りの19のフロアは12番目と28番目の2部屋にCがつきます。

結局、12階だけ全40部屋、残りの19フロアは2部屋ずつですから

$$40 + 2 \times 19 = 78$$

と計算して、Cがつく部屋番号は…78部屋

答え：　　　　　　　　　　　　　　　**78部屋**

本郷中学2007年度

永野の目

　規則性に関する問題は中学入試でも最頻出分野の一つです。そして、規則性の中で最も重要なのは周期性（おなじものの繰り返し）だと言っても過言ではないでしょう。たとえば、「7^{1000}の一の位を求めなさい」という問題が出たとします。もちろん7^{1000}を実際に計算することなんてできません。

$$
\left.
\begin{array}{l}
7^1 = 7 \\
7^2 = 49 \\
7^3 = 343 \\
7^4 = 2401 \\
7^5 = 16807
\end{array}
\right\}
\begin{array}{l}
\text{一の位は「7、9、3、1」} \\
\text{の繰り返し}
\end{array}
$$

$$\vdots$$

　でも少し計算してみて7^nの一の位は「7、9、3、1」を繰り返す周期性を持つことに気づけば、7^4も7^8も7^{12}も7^{16}も一の位は1であることがわかります（7^nのnが4の倍数であれば一の位は1）。
　1000は

$$1000 = 4 \times 25$$

より4の倍数ですから、**7^{1000}の一の位も「1」**ですね。

　算数だけでなく、数学においても、とてつもなく大きなものを捉えるほとんど唯一の方法は周期性を見つけることなのです。
　ではどうしたら周期性をはじめとする規則性は見つけられるようになるでしょうか？　それはずばり書いてみることです。

　先日、学生時代は数学が大の苦手だったという社会人の生徒さんに教えているとき
　「先生はいつも書いて考えられるのですね！」
と少し驚いたように指摘されました。その方は小さいときから「書いて考える」という習慣がなかったために私の「考える様」が新鮮に映ったようでした。

一般に、数学が苦手な生徒さんは「実際に書く」ということをしません。頭の中だけで考えようとします。でも、頭の中だけで考えることはたいてい観念的で抽象的であるため、本人にとっても非常にわかりづらい思考プロセスになってしまいます。結果として「よくわからない」ということになりがちです。

　一方、目の前の紙に実際に書いてみるという行為は具体的であり、頭の中でおぼろげだったイメージが確かなものになっていきます。

　昔から「**手は外部の脳**」とか「**手は第二の脳**」と言われてきました。実際、手首から指先にかけては非常に多くの神経細胞が集まっていて、それぞれが脳に信号を送っているのですから、手を動かすことが脳にとって大きな刺激になるのは想像に難くありません。

　誰でも、文章を書くときは実際に書いてみることで、最初は思いもよらなかった文やアイディアが出てくるという経験をしていると思います。これは言わば書くという行為によって「第二の脳」である手が一緒に考えてくれるからです。

　問題を解決しようとするときにも、この「第二の脳」を積極的に活用しましょう。そのために最も大事なのは「考えるときは書く」という習慣を身につけることです。

　規則性を活用する問題はもちろん、抽象的な問題や問題設定がわかりづらい問題などで躓いているお子さんがいたら、「実際に書いてみたら？」と声がけをしてあげることは大変有意義です。

「帰納」と「演繹」を行き来する問題

桜蔭中学校 2009年度　　▶難易度：(易) 並 (難)　　▶目標解答時間：**10** 分

> **問** 次の文章の空欄にあてはまる数字や語句を答えなさい。
>
> うるう年ではない年の日付を順に1日ずつ書いたカードが365枚重ねてあります。1枚目には1月1日、2枚目には1月2日、3枚目には1月3日、……、365枚目には12月31日と書いてあります。今、上から数えて偶数枚目のカードを取りのぞきます。このとき、残ったカードの一番上に書いてある日付は1月1日、2枚目は1月3日、……、28枚目は　ア　月　イ　日です。
>
> 次にこの残ったカードのうち、上から数えて奇数枚目のカードを取りのぞきます。このとき、残ったカードの上から　ウ　枚目の日付は9月12日です。もし、1月1日が月曜日だったとすると、最後に残ったカードの上から69枚目に書かれている日は　エ　曜日です。

前提となる知識・公式

◎日暦算

> 大の月（31日がある月）：1、3、5、7、8、10、12月
> 小の月（31日がない月）：2、4、6、9、11月（西向く侍）
>   2 4 6 9 11

 アとイを解くためのアプローチ

最初の状態から偶数枚目のカードを取りのぞくと、当然残るのは最初の状態における奇数枚目のカードですね。よって、残ったカードの28枚目が何月何日かは28番目の奇数がわかれば判明します。

アとイの解答

最初の状態	奇	偶	奇	偶	奇	偶	奇	偶	奇	偶	奇	偶	奇	偶	奇	偶	…
	1	2	3	4	5	6	7	8	9	10	11	12	13	14	15	16	

1回目で残るカード	1	3	5	7	9	11	13	15	…

　上の表でわかるように1回目に偶数枚目を取りのぞいた後に残るカードは、最初の状態における奇数番目のカードなので、1回目で残るカードの28枚目は最初の状態における28番目の奇数です。28番目の奇数は28番目の偶数のひとつ前と考えれば[1]

$$2 \times 28 - 1 = 55$$

という計算で**55**であることがわかります。すなわち、1回目で残るカードの28番目は、**年始から数えて55日目**です。

　1月は大の月で31日なので

$$55 - 31 = 24$$

より、　ア　月　イ　日は…**2月24日**です。

答え：　　　　　　ア =2　　　　イ =24

 ## ウを解くためのアプローチ

　次に残ったカードの奇数枚目のカードを取り除きます。このとき残るカードには**どのような共通点があるかを考える**ことができれば、9月12日が何番目であるかはわかりそうです。

 ## ウの解答

　1回目で残ったカードの奇数番目を取りのぞいた後に残る数にはどのような共通点があるかを調べてみましょう。

---

[1]　もちろん、28番目の奇数は、27番目の偶数のひとつ後と考えてもよいです。

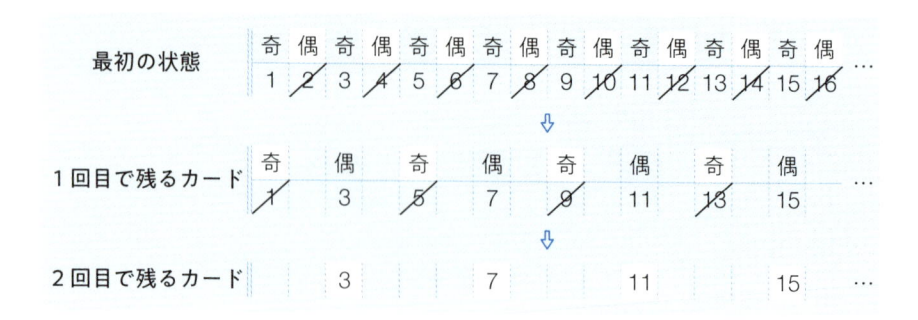

最初の状態	奇	偶	奇	偶	奇	偶	奇	偶	奇	偶	奇	偶	奇	偶	奇	偶	…
	1	2	3	4	5	6	7	8	9	10	11	12	13	14	15	16	

⇩

1回目で残るカード	奇	偶	奇	偶	奇	偶	奇	偶	…
	1	3	5	7	9	11	13	15	

⇩

2回目で残るカード	3	7	11	15	…

上の表から、2回目の操作の後に残るのは最初の状態における **3、7、11、15**…枚目のカードであることがわかります。さて、これらの数に共通する性質がわかるでしょうか？　先程は偶数のひとつ前でしたが、今回は **4の倍数のひとつ前**です。

このことを念頭に置いておいて、9月12日が年始から数えて何日目にあたるかを計算してみましょう。

8月までの**小の月**は2月（28日）、4月（30日）、6月（30日）ですから9月12日は

1月	2月	3月	4月	5月	6月	7月	8月	9月12日まで	
31 +	28 +	31 +	30 +	31 +	30 +	31 +	31 +	12	= 255

より、**255日目**です。255はちゃんと4の倍数256のひとつ前の数になっていますね。

$$255 = 256 - 1 = 4 \times \mathbf{64} - 1$$

よって、255は「4の倍数のひとつ前の数（$4n-1$と表せる数）」として**64番目**であることがわかります。

すなわち9月12日は残ったカードの上から64枚目です。

答え：　　　　　　| **ウ** |=**64**

☞ エを解くためのアプローチ

最後の69番目のカードの曜日は、曜日が7日周期であることを使えば比較的簡単に計算できるでしょう。

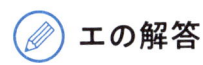 ## エの解答

　前の問題と同様に考えて、2回目の操作の後に残るカードは最初に重ねたカードの「4の倍数のひとつ前の数」です。

	4の倍数のひとつ前	2回目で残るカード
1枚目	$4 \times 1 - 1$	3
2枚目	$4 \times 2 - 1$	7
3枚目	$4 \times 3 - 1$	11
4枚目	$4 \times 4 - 1$	15
		⋮
69枚目	$4 \times 69 - 1$	275

　2回目の操作の後に残る69枚目は、最初に重ねたカードの「4の倍数のひとつ前」の**69番目の数**ですから、上の表にもあるように次の計算で求めることができます。

$$4 \times 69 - 1 = 275$$

　最初の状態における**275番目**すなわち年始から**275日目の曜日を求める**には、曜日が7日周期であることを使います。

$$275 \div 7 = 39 \cdots 2 \Rightarrow 275 = 7 \times 39 + 2$$

　問題文に「1月1日が月曜日だったとすると」とあります。ここで「2余るから水曜日だ」と早合点してはいけません。7日周期ということは1日目が月曜日のとき、8日目、15日目、22日目…が月曜日です。

　すなわち、年始から数えた日数が**7で割って1余る日は月曜日**であり、**7で割って2余る日は火曜日**です。

　答え：　　　　　　　| エ | ＝火

永野の目

　前問に引き続き本問もやはり実際に書いてみることで規則性を見つけることが必要です。ただし、それだけでは解決しません。

　「実験」によって1回目の操作の後に残る数や2回目の操作の後に残る数について一般的に成り立つ法則を見出した上で、今度はそこに別の新しい具体的な数字をあてはめて計算する必要があります。

　いくつかの具体例から一般に成り立つ性質を類推することを帰納というのに対して、一般に成り立つ性質を具体例にあてはめることを演繹といいますが、**本問は帰納も演繹も行える能力が必要**です。

　「距離÷時間＝速さ」のような算数や数学に多く登場する公式に具体的な数字をあてはめて計算するのは難しいことではありません。しかし、実際の社会で直面する「問題」には公式が存在しないことのほうが普通でしょう（もし公式があるのならそれは既にマニュアル化されたり、自動化されたりしているはずですから大きな問題にはなりません）。

　公式のない問題を解決するためには、いくつかの具体例から自力で「公式」を導き、その上で別の具体例にあてはめて考えられる能力が求められます。本問はそうした実践的な問題解決能力を問うという意味でもバランスのとれた良問です。

　読者の中には、ご自身やお子さんの「一般化する能力」に不安を感じる方もいらっしゃることでしょう。一般化というと構えてしまうかもしれませんが、要は共通点を探せばよいのです。

　一般化に自信のない方は是非、**日常生活の中でも共通点を探す**ようにしてください。題材はなんでも構いません。たとえばある場所に移動する際、「バス、JR、地下鉄」を乗り継いだのならこれらの共通点を探してみるのです。他にも、ここ1週間で食べたランチに共通点はないか？　仲の良い友達に共通点はないか？　などを折に触れて考えるクセをつければ（すぐには無理でも）やがて「公共の交通機関」「10分以内で食べられる600円以下のもの」「野球が好き」などの共通点を見つけられるようになるはずです。

本問では 1 回目の操作の後に残る数「1、3、5、7、9、11、13…」については「偶数のひとつ前の数（奇数）」という共通点を、2 回目の操作の後に残る数「3、7、11、15…」からは「4 の倍数のひとつ前の数」という共通点を見つけました。これらは、文字式で表せば、それぞれ、$2n-1$、$4n-1$ と端的に表すことができます。ただし、文字式を使って一般化することに慣れていない小学生には難しいかもしれません。

　それから、最後の問題では周期性を使いました。275 日目の曜日を指折り数えて確認するのは大変ですが、曜日が 7 日周期であることを使えば比較的簡単に解決します。前問の「永野の目」でも書きましたとおり、**周期性を使おうとするのは、大きな数を考えるときの定石**です。

第 **03** 問

情報を整理し、背理法を使う問題

算数オリンピックトライアル問題 2008年度 ▶難易度： ▶目標解答時間：**10** 分

問　先生が大介と平太の前に次の18枚のトランプカードをならべました。

ハート：13、4、1　　　クローバー：13、12、10、7、6、4
ダイヤ：7、1　　　　　スペード　：11、9、8、5、4、3、2

先生「わたしの好きなカードが1枚だけこの18枚の中にあるよ！　そのカードのマークだけ大介に教えるよ。そしてそのカードの数字だけ平太に教えるよ」
と言って2人にそれぞれそっと教えました。
　下はそれぞれ教えられた後の2人の会話です。
大介「先生の好きなカードの数字はぼくにはわからないけど、平太も先生の好きなカードのマークはわからないはずだよ」
平太「確かにわからないよ」
大介「あっ！　それなら先生の好きな数字がわかったよ！」
　さて、先生の好きなカードの数字はいくつですか。

👉 問題を解くためのアプローチ

　大介と平太は完璧に論理的な人間であり、まわりの状況や相手の発言から得られる情報を元に正しい判断ができることが前提です。

　とは言えたったこれだけの会話で先生の好きな数字がわかってしまうことを不思議に思った人もいるでしょう。

まず、好きなマークだけを教えられた大介が「先生の好きなカードの数字はぼくにはわからないけど」と発言するのは当たり前です。でもその後の大介の発言はヒントになります。

なぜなら、もし大介が教えられたマークがクローバーかスペードなら、平太が教えられた数字によってはマークを特定できる可能性があるため、大介が「平太も先生の好きなカードのマークはわからないはず」と発言するのはおかしい[2]からです。よって、大介が教えられたマークはハートかダイヤであるとわかります。

このように「もし○○だったらおかしい。だから○○ではない」とする論法を背理法[3]と言います。

その後平太が「確かにわからないよ」と言うのは、オウム返しのようで何も新しい情報が加わっていないように思えるかもしれませんがそんなことはありません。平太も大介の発言を聞いて（平太と同じように）大介が先生に教えられたマークはハートかダイヤであると気づくはずです。

にもかかわらず「（マークは）わからない」と言っているということは、大介が教えられた数字はハートとダイヤの双方に共通する数字のはずですね。

解答

先生が並べた18枚のカードをわかりやすいように整理してみます。

♥ハート	1			4							13
♣クローバー				4		6	7		10		12	13
◆ダイヤ	1						7				
♠スペード		2	3	4	5		8	9		11	

もし大介が先生に教えられたマークがクローバーかスペードなら、（平太が他のマークとはダブらない数字を教えられているかもしれないので）平太はマークがわかる可能性があり、大介が最初のセリフで「平太も先生の好きなカードのマークはわからないはず」と発言したことと**矛盾します。**よって、大介が先生に教えられたマークは**ハートかダイヤであることがわかります。**

---

[2]　たとえば大介が教えられたマークがクローバーの場合、大介は、平太が「12」のようにクローバーにしかない数字を教えられる可能性を考えるはずです。

[3]　高校編（133頁）で解説します。

マーク	1	2	3	4	5	6	7	8	9	10	11	12	13
♥ハート	1			4									13
♣クローバー				4		6	7			10		12	13
◆ダイヤ	1						7						
♠スペード		2	3	4	5			8	9		11		

　大介と同じように、平太も大介の最初の発言からマークがハートかダイヤであることを理解します。その上で「（マークは）確かにわからないよ」と発言しています。これは、平太が教えられた数字がハートとダイヤでダブっている数字、すなわち1であることを示しています。

　以上より、先生が好きなカードの数字は…1です。

答え：　　　　　　　　　　　　　**1**

永野の目

　本問とよく似た次の問題が2015年のシンガポール・アジア学校数学オリンピック（SASMO：Singapore and Asian Schools Math Olympiad）で14〜15歳向けに出題されました。

問

　アルバートとバーナードは、シェリルと友達になったばかりです。そこで2人はシェリルの誕生日を知りたいと思っています。シェリルはまず2人に次の10個の日にちを候補として挙げました。

5月15日、5月16日、5月19日
6月17日、6月18日
7月14日、7月16日
8月14日、8月15日、8月17日

　次にシェリルは、アルバートには「月」だけを、バーナードには「日付」だけをそれぞれ教えました。以下はその後の2人の会話です。
アルバート「僕はシェリルの誕生日を知らないけど、君も知らないよね」
バーナード「確かに最初は僕もシェリルの誕生日を知らなかったけれど、今ならわかるよ」
アルバート「それなら僕もわかった」

　さてシェリルの誕生日はいつでしょうか？

　この問題は、インターネット上で大きな話題となり、俗に「シェリルの誕生日」と呼ばれています。

	14日	15日	16日	17日	18日	19日
5月		15日	16日			19日
6月				17日	18日	
7月	14日		16日			
8月	14日	15日		17日		

　シェリルの誕生日が**5月か6月**だとすると、バーナードは日付だけで誕生日を特定できる可能性があります[4]。しかしこれは月だけを教えられたアルバートが日付だけを教えられたバーナードに対して「君も知らないよね」と断言していることと**矛盾します**。

　よって、アルバートが教えられた月は**7月か8月**です。

	14日	15日	16日	17日	18日	19日
~~**5月**~~		~~15日~~	~~16日~~			~~19日~~
~~**6月**~~				~~17日~~	~~18日~~	
7月	14日		16日			
8月	14日	15日		17日		

　アルバートの発言を受けて、このこと（シェリルの誕生日が**7月か8月**であること）はバーナードも理解します。

　次に、**もしシェリルの誕生日の日付が14日であるとすると**、7月か8月のいずれかであるとわかったとしても誕生日を特定することはできません。これは、バーナードが「今ならわかるよ」と発言していること（7月か8月であるとわかれば日付だけから誕生日が特定できること）と**矛盾します**。

　よって、バーナードが教られた日付は**14日ではありません**。

	14日	15日	16日	17日	18日	19日
~~**5月**~~		~~15日~~	~~16日~~			~~19日~~
~~**6月**~~				~~17日~~	~~18日~~	
7月	~~14日~~		16日			
8月	~~14日~~	15日		17日		

---

*4　たとえば、シェリルがバーナードに教えた日付が「19日」ならバーナードは日付だけでシェリルの誕生日が5月19日であることを知ってしまいます。

さらに、もしシェリルの誕生日が8月だとすると、14日でないことがわかっても、8月15日か8月17日のいずれかに特定することはできません。これはアルバートが「それならわかった」と言っているのと**矛盾します**。よって、シェリルの誕生日は7月です。

~~5月~~		~~15日~~ ~~16日~~	~~19日~~
~~6月~~		~~17日~~ ~~18日~~	
7月	~~14日~~	16日	
~~8月~~	~~14日~~	~~15日~~	~~17日~~

以上より、**シェリルの誕生日は7月16日**であることがわかります。

経済協力開発機構（OECD）が実施している国際学習到達度調査（PISA：義務教育を終えた15歳が対象）や、国際教育到達度評価学会（IEA）が実施している国際数学・理科教育動向調査（TIMSS：小学4年生と中学2年生が対象）の最新調査において、シンガポールはすべてのカテゴリーで1位を獲得しました。詳しくは下表をみてください。

PISA上位5カ国・地域の平均点（2015年調査）

数学的リテラシー		読解力		科学的リテラシー	
シンガポール	564	シンガポール	535	シンガポール	556
香港	548	香港	527	日本	538
マカオ	544	カナダ	527	エストニア	534
台湾	542	フィンランド	526	台湾	532
日本	532	アイルランド	521	フィンランド	531

読解力で日本は8位（516）

TIMSS上位5カ国・地域の平均点（2015年調査）

小4算数		小4理科		中2数学		中2理科	
シンガポール	618	シンガポール	590	シンガポール	621	シンガポール	597
香港	615	韓国	589	韓国	606	日本	571
韓国	608	日本	569	台湾	599	台湾	569
台湾	597	ロシア	567	香港	594	韓国	556
日本	593	香港	557	日本	586	スロベニア	551

シンガポールはなぜ世界第1位を独占できたのでしょうか？

マレーシアから独立した1965年当時のシンガポールは、東京23区程度の国土しか持たないアジアの小国でした。資源を持たないためとても貧しく、教育レベルも決して高くはありませんでした。そこで政府は世界で生き抜いていくために、「人材こそ最大の資源」と謳い、教育に大きな力を注ぎました。公用語は英語に定め、国をあげて教育の向上を目指したのです。

結果、今やシンガポールは世界有数の貿易拠点・金融センターになりました。2007年以降は国民一人あたりの総生産も日本を上回っています。シンガポールはまさに教育立国といっていいでしょう。

シンガポールにおける算数教育の特徴は、単純な計算問題を解く力より、「文章問題を論理的に思考・推理する力」や、「自身の数学的思考を人に伝えるコミュニケーション力」に重きが置かれているところです。

シンガポール教育省では、初等算数教育の目標を「すべての子どもが生活・人生の中で数学的な情報を元に適切な決定を下せるようになること」、「数学的なスキルを高等教育やキャリアで生かせるようになること」としています。実際、シンガポールの小学校では空港に行って外貨両替の計算をしたり、タクシー乗り場の列に何人まで並ぶことができるかなどを考えたりする授業が行われているようです。

実体験を通して、勉強によって何がわかるようになるのか、さらにそれをどのように生かせるのかを知ることは極めて重要です。それは勉強への理解とモチベーションに直結するでしょう。

私たちがシンガポールの算数教育に学ぶべきところは少なくありません。

知識、推論、イメージを総合して解く問題

問 　a、bは整数で、aの方がbより大きいとします。このとき、分数$\dfrac{b}{a}$に対して、数$\left\langle \dfrac{b}{a} \right\rangle$を、次のように定めます。

　割り算$b \div a$を計算して、小数点以下どこまでも割り切れないときは、ある数字の並びがくり返し現れるので、下の例1、例2のように、くり返しの1つ目より後ろに続く部分を切り捨てて、それを$\left\langle \dfrac{b}{a} \right\rangle$と定めます。

　割り算$b \div a$が小数第何位かで割り切れるときは、例3のように、それをそのまま$\left\langle \dfrac{b}{a} \right\rangle$と定めます。

例1　$\dfrac{3}{11} = 0.272727\cdots$　なので、$\left\langle \dfrac{3}{11} \right\rangle = 0.27$　です。

例2　$\dfrac{3}{22} = 0.1363636\cdots$　なので、$\left\langle \dfrac{3}{22} \right\rangle = 0.136$　です。

例3　$\dfrac{3}{16} = 0.1875$　なので、$\left\langle \dfrac{3}{16} \right\rangle = 0.1875$　です。

---

(1) $\left\langle \dfrac{17}{37} \right\rangle$、および、$\dfrac{17}{37} - \left\langle \dfrac{17}{37} \right\rangle$を計算しなさい。ただし答えは分数で表し、約分できるときは必ず約分すること。

(2) □の中に同じ整数を入れて、$\dfrac{3}{□} - \left\langle \dfrac{3}{□} \right\rangle$と$\dfrac{3}{□} \times \dfrac{1}{1000000}$を計算します。30以下の整数を入れてこの計算をしたところ、2つの計算の結果が等しくなった整数が3個だけありました。この3個の整数を答えなさい。また、それぞれの場合について、$\left\langle \dfrac{3}{□} \right\rangle$を計算し、小数で表しなさい。

前提となる知識・公式

◎循環小数（ある位以下、同じ数字の列が無限に繰り返されるもの）について

$$\frac{1}{3} = 0.333\cdots \Rightarrow 0.111\cdots = \frac{1}{9}$$

$$\frac{1}{33} = 0.0303\cdots \Rightarrow 0.0101\cdots = \frac{1}{99}$$

$$\frac{1}{333} = 0.003003\cdots \Rightarrow 0.001001\cdots = \frac{1}{999}$$

$$\frac{1}{3333} = 0.00030003\cdots \Rightarrow 0.00010001\cdots = \frac{1}{9999}$$

$$\frac{1}{33333} = 0.0000300003\cdots \Rightarrow 0.0000100001\cdots = \frac{1}{99999}$$

などと表せる。

◎ある数の素因数分解（素数[*5]の積に分解すること）に表れる素数やそれらを掛け合わせてできる数はその数の約数。

例）$12 = 2 \times 2 \times 3 \Rightarrow$ 2、3、2×2、2×3、$2 \times 2 \times 3$は12の約数。

👉 (1)を解くためのアプローチ

特殊な記号を定義しているので、この定義をしっかりと理解することからスタートします。一瞬ギョッとするかもしれませんが、例も挙げて詳しく書いてくれているので、$\left\langle \dfrac{b}{a} \right\rangle$ という記号の意味がわからない、ということはないでしょう。

$\dfrac{17}{37} - \left\langle \dfrac{17}{37} \right\rangle$ の値は、定義通りに考えれば比較的容易に計算できます。ただし、（2）に繋げるためには、$\dfrac{b}{a} - \left\langle \dfrac{b}{a} \right\rangle$ の計算を一般化（公式化）しておきたいところです。

＊5　1と自分自身しか約数を持たない、1以外の正の整数

🖉 (1) の解答

$$\frac{17}{37}=0.459459459\cdots$$

なので、定義に従うと

$$\left\langle\frac{17}{37}\right\rangle=0.459=\frac{459}{1000}$$

よって、

$$\frac{17}{37}-\left\langle\frac{17}{37}\right\rangle=\frac{17}{37}-\frac{459}{1000}$$

の計算をすればよいことがわかります。ただ、これを通分して計算するのは**面倒**です。何か計算の工夫はないでしょうか?

そこで一度、小数のまま $\frac{17}{37}-\left\langle\frac{17}{37}\right\rangle$ を計算してみましょう。

$$\frac{17}{37}-\left\langle\frac{17}{37}\right\rangle=(0.459459459\cdots)-0.459=0.000459459\cdots$$

ですね。

ここで「0.000459459…」が「0.459459459…」の1000分の1、すなわち

$$\frac{17}{37}-\left\langle\frac{17}{37}\right\rangle=0.000459459\cdots=0.459459459\cdots\times\frac{1}{1000}=\frac{17}{37}\times\frac{1}{1000}$$

であることに気がつくことができればしめたものです。こうすれば、

$$\frac{17}{37}-\left\langle\frac{17}{37}\right\rangle=\frac{17}{37}\times\frac{1}{1000}=\frac{17}{37000}$$

と簡単に計算できます。

分子の17は素数であり、約分できないので答えは…$\frac{17}{37000}$

答え: $$\frac{17}{37000}$$

(2)を解くためのアプローチ

（1）で$\frac{17}{37}=0.459459459\cdots$が**小数点以下3桁を繰り返す数**であったことと

$$\frac{17}{37}-\left\langle\frac{17}{37}\right\rangle=\frac{17}{37}\times\frac{1}{1000}$$

であったことを使えば、

$$\frac{3}{\square}-\left\langle\frac{3}{\square}\right\rangle=\frac{3}{\square}\times\frac{1}{1000000}$$

となるのは、$\frac{3}{\square}$が**小数点以下6桁を繰り返す数**であればいいことがわかります。

　$\square$に入る数は$1\sim30$なので、しらみつぶしに計算してもいいのですが大変です。そこで、**循環小数**についての知識（32頁）を使います。

 (2)の解答

$0.111\cdots=\dfrac{1}{9}$ 、$0.0101\cdots=\dfrac{1}{99}$、$0.001001\cdots=\dfrac{1}{999}$などと表わせることから、小数点以下6桁ごとに1が現れる$0.000001000001\cdots$は

$$0.000001000001\cdots=\frac{1}{999999}$$

と表せることがわかります。

　仮に、小数点以下に「123456」を繰り返す数があったとしたら、その数は

$$0.123456123456\cdots=123456\times0.000001000001\cdots=123456\times\frac{1}{999999}$$

と表せるので、$\frac{3}{\square}$が小数点以下に6桁の数を繰り返す数であるならば、

$$\frac{3}{\square}=\frac{a}{999999}=a\times0.000001000001\cdots\ \left(a=\frac{3\times999999}{\square}は適当な整数\right)$$

と表せるはずです。これは、$\dfrac{a}{999999}$を約分したときに$\dfrac{3}{\square}$になることを意味します。すなわち、$\square$は999999の約数です。

999999の約数を調べるために999999を**素因数分解**しましょう。

999999の素因数分解に表れる素数やそれらの積は999999の約数です（32頁）。

$$999999 = 3 \times 3 \times 3 \times 7 \times 11 \times 13 \times 37$$

999999の1以外の約数は右辺に表れる素数の積ですが、その中には

$$3 \times 3 = 9、\quad 3 \times 3 \times 11 = 99、\quad 3 \times 3 \times 3 \times 37 = 999$$

が含まれます[*6]。□がこれらの約数であるとき、$\dfrac{3}{□}$は1桁〜3桁を繰り返す数になってしまうので注意してください[*7]。

式で書けば

$$\frac{3}{□} \neq \frac{b}{9} = \frac{b}{3 \times 3} = b \times 0.111\cdots \left(b = \frac{3 \times 9}{□} \text{は整数} \right)$$

$$\frac{3}{□} \neq \frac{c}{99} = \frac{c}{3 \times 3 \times 11} = c \times 0.0101\cdots \left(c = \frac{3 \times 99}{□} \text{は整数} \right)$$

$$\frac{3}{□} \neq \frac{d}{999} = \frac{d}{3 \times 3 \times 3 \times 37} = d \times 0.001001\cdots \left(d = \frac{3 \times 999}{□} \text{は整数} \right)$$

です。□は9や99や999の約数ではないので、次の図からもわかるように□は素因数に7や13を含みます。

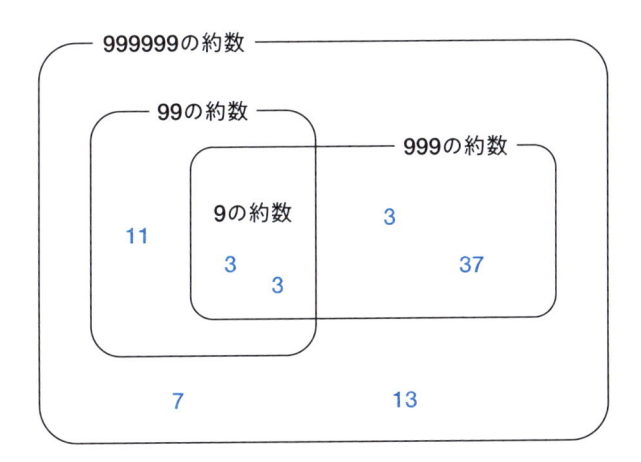

[*6] 9999 = 3×3×11×101、99999 = 3×3×41×271は、999999の素因数ではない数（101や41や271）を素因数に持つので、含まれません。

[*7] たとえば、□が（99の約数の）11である場合は $\dfrac{3}{11} = \dfrac{27}{99} = 27 \times \dfrac{1}{99} = 27 \times 0.0101\cdots = 0.2727\cdots$

結局、□は999999の約数で素因数に7や13を含み、かつ30以下の数であることがわかります。すなわち、

$$\square = 7 \text{ or } 13 \text{ or } 21$$

です。以上より、

$$\frac{3}{7}=0.42857142857142\cdots \Rightarrow \left\langle\frac{3}{7}\right\rangle = 0.428571$$

$$\frac{3}{13}=0.230769230769\cdots \Rightarrow \left\langle\frac{3}{13}\right\rangle = 0.230769$$

$$\frac{3}{21}=0.142857142857\cdots \Rightarrow \left\langle\frac{3}{21}\right\rangle = 0.142857$$

とわかります。

答え：
　　　　　7、13、21
　　　7の場合⇒0.428571
　　13の場合⇒0.230769
　　21の場合⇒0.142857

NAGANO'S EYE

永野の目

さすが開成というべきか、特に（2）はかなりの難問でした。
まず（1）を通じて、

$$\frac{3}{\square} - \left\langle \frac{3}{\square} \right\rangle = \frac{3}{\square} \times \frac{1}{1000000}$$

が成り立つのであれば、$\frac{3}{\square}$ は小数点以下6桁を繰り返す数であることをつかまなければいけません。（1）の問題を力ずくで計算してしまうとここで行き詰まってしまうことでしょう。

　もちろん計算力はあったほうがいいです。複雑な計算をこなす高い計算力が必要な問題も少なくありません。でも、いくら計算に自信があっても、いつも**できるだけラクに計算できるように工夫する姿勢**も同時に大切なのです。

　たとえばこんな確率の問題があるとします（この問題は高校の定期テストレベルの問題です）。

問　箱の中に白玉が13個、黒玉が7個入っている。A、B、Cの3人がこの順に1個ずつ玉を取り出し、取った玉は元に戻さないものとする。Cが黒玉を取り出す確率を求めよ。

　Cが黒玉を取り出すケースには次の4パターンがあります。

（ⅰ）A白→B白→C黒 の場合

$$\frac{13}{20} \times \frac{12}{19} \times \frac{7}{18}$$

（ⅱ）A白→B黒→C黒 の場合

$$\frac{13}{20} \times \frac{7}{19} \times \frac{6}{18}$$

（iii）A黒→B白→C黒 の場合

$$\frac{7}{20}\times\frac{13}{19}\times\frac{6}{18}$$

（iv）A黒→B黒→C黒 の場合

$$\frac{7}{20}\times\frac{6}{19}\times\frac{5}{18}$$

　答えはこれら4つの分数の和です。ここで闇雲に計算してしまう人は4つの分数の掛け算を別々に行って

$$\frac{1092}{6840}+\frac{546}{6840}+\frac{546}{6840}+\frac{210}{6840}=\cdots$$

を求めようとしてしまいます。でも、工夫を考える人（≒ラクをしたい人）は分数の掛け算を残しておいて（←約分できるかもしれません）

$$\frac{13\times12\times7+13\times7\times6+7\times13\times6+7\times6\times5}{20\times19\times18}$$

と書き（書くこと自体は面倒臭がってはいけません）、分子に3回登場する「13×7」をまとめます。

$$\frac{13\times12\times7+13\times7\times6+7\times13\times6+7\times6\times5}{20\times19\times18}$$

$$=\frac{13\times7\times(12+6+6)+7\times6\times5}{20\times19\times18}$$

$$=\frac{13\times7\times24+7\times6\times5}{20\times19\times18}$$

> 24＝6×4

$$=\frac{13\times7\times6\times4+7\times6\times5}{20\times19\times18}$$

$$=\frac{7\times6\times(13\times4+5)}{20\times19\times18}$$

$$=\frac{7\times6\times57}{20\times19\times18}$$

> 約分　57＝19×3

$$=\frac{7}{20}$$

こうすると面倒な計算は大分回避することができます（分母も目論見どおり約分できました）。計算力を持つと同時に計算の工夫を忘れないこと、言い換えればそれは**「やろうと思えばできる。でももっと効率の良いやり方はないか？」**と自問できるある種のバランス感覚です。これは（計算だけでなく）問題解決全般に必要な力だと私は思います。

さて本問にもどりましょう。

（2）を解く際、（1）で計算の工夫ができて、$\dfrac{3}{\square}$ は小数点以下 6 桁を繰り返す数（循環小数）であることに気づけたとしても、まだゴールは遠いです…。

ただし、開成中学の受験生であれば循環小数は $\dfrac{1}{9}$ や $\dfrac{1}{99}$ や $\dfrac{1}{999}$ を使って

$$1 \text{桁を繰り返す循環小数}：0.555\cdots=5\times 0.111\cdots=5\times\frac{1}{9}=\frac{5}{9}$$

$$2 \text{桁を繰り返す循環小数}：0.5656\cdots=56\times 0.0101\cdots=56\times\frac{1}{99}=\frac{56}{99}$$

$$3 \text{桁を繰り返す循環小数}：0.567567\cdots=567\times 0.001001\cdots=567\times\frac{1}{999}=\frac{567}{999}$$

のように分数で表せることは**知識として持っている**ことでしょう。この**既知の事実**から、6 桁を繰り返す循環小数である $\dfrac{3}{\square}$ は

$$\frac{3}{\square}=\frac{a}{999999}$$

と書けるだろうと類推することは難しくないと思います。また上のように書けることから□は999999の約数であると考えるのもそう無理はありません。

また999999の約数を考えるのなら

$$999999=3\times 3\times 3\times 7\times 11\times 13\times 37$$

と素因数分解をするべきであることも（開成中学を受験するレベルならば）言わば当然です。本問の最大の山場はこの後です。

□は30以下の数で999999の約数であると同時に、**9や99や999の約数であってはいけない**（解答にあるように１〜３桁を繰り返す数になってしまいます）ことに気づいた上で、（それぞれの**約数の集合についての包含関係をイメージしながら**）□は7や13を素因数にもつべきだということにまで頭がまわる必要があります。これは中学受験レベルとしてはかなり高いレベルです。

　開成中学合格者の算数の平均得点は約60〜70％程度ですから、合格者の中でも本問の（２）が完答できた子は少なかったのではないでしょうか？

　まとめますと、本問を完答するために必要な力は

- **・計算力を持ちながら計算の工夫を忘れないバランス感覚**
- **・循環小数や素因数分解についての知識**
- **・既知の事実から類推する力**
- **・集合の包含関係をイメージする力**
- **・ひとつひとつの知識、推論、イメージを組み合わせていく力**

などです。

　これらは単に「センス」として片付けられるようなものではありません。こういった力を身につけるには長年にわたる不断の努力が必要不可欠です。

　中学受験の頂きとも言える本問のような問題を見ていると、３年生の２月から塾に通い、丸３年間遊びたい気持ちもぐっとこらえて努力し続ける小学生の皆さんに心から拍手を送りたい気持ちになります。と同時に、遊びたい盛りの小学生に中学受験をさせて、詰め込み学習をさせるのは子どもの個性を潰してしまう…などの紋切り型の批判はまったくもって的外れであるとも思います。

　厳しい受験勉強の中でしか手に入らない創造性や自主性があるからこそ、本問のような問題が入試として成立し得るのですから。

逆からたどる発想と
必要条件による絞り込みが有効な問題

問　右のように1から連続した整数が書かれてあるカードを並べ、次のような規則で並べかえます。

①1から1つおきにとって並べる。

②残りのカードを①で並べたカードの後に並べる。

| | 1 | 2 | 3 | 4 | 5 | 6 | 7 | 8 |

| 1回目 | 1 | 3 | 5 | 7 | 2 | 4 | 6 | 8 |

| 2回目 | 1 | 5 | 2 | 6 | 3 | 7 | 4 | 8 |

| 3回目 | 1 | 2 | 3 | 4 | 5 | 6 | 7 | 8 |

たとえば1から8までのカードであればこの①②の操作を3回行えばもとにもどります。このとき次の問いに答えなさい。

(1) 1から7までのカードで始めると何回の操作で初めてもとにもどりますか。

(2) 1から5までのカードで始めると4回の操作でもとにもどりますが、このように4回の操作で初めてもとにもどるのは、1からいくつまでのカードを並べた場合ですか。当てはまる場合の一番最後のカードの数をすべて書きなさい。

☞ （1）を解くためのアプローチ

1から7までのカードであれば、実際にやってみてもたいしたことはありません。そういう意味では（1）は**思考実験を促してくれる問題**だと言うこともできるでしょ

う。ただし、そこから得られる結果と問題文にある1から8までのカードの並びかえを比べて、カードの合計が偶数枚のときは、最後のカードは場所が変わらないことには気づきたいものです。

(1)の解答

実際にやってみます。

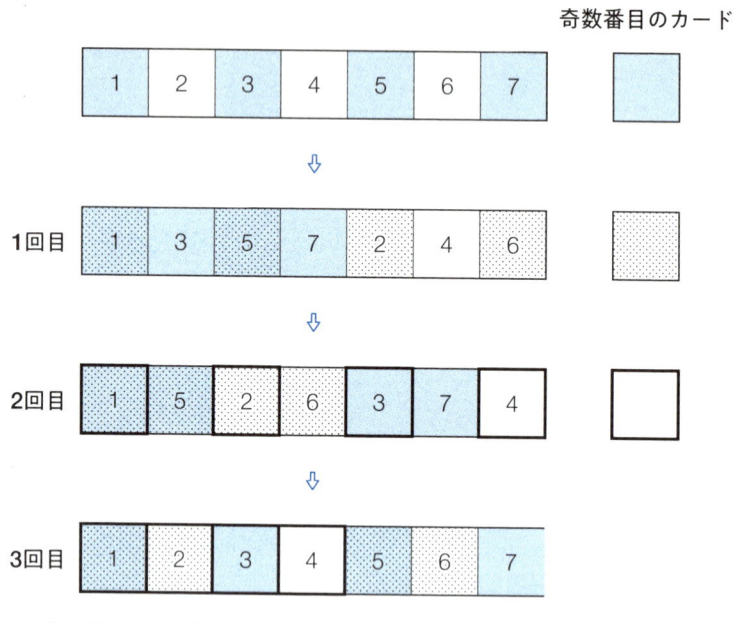

以上より、答えは…3回

答え：　　　　　　　　　3回

(2)を解くためのアプローチ

　上の「解答」にある並びかえの最後に「8」を加えると、問題文にある「1から8まで」の場合の並びかえと同じになることに気づいたでしょうか？　**カードの枚数が偶数枚のとき最後のカードの位置は変わりません。**

問題文に、「1から5までのカードで始めると4回の操作で元にもどります」とあるので、1から6までのカードも4回の操作で同じ場所にもどります[8]。でもこの問題は当てはまる場合を「すべて」考えなくてはいけないところが厄介です。

　こういうとき「とっかかりをつかむためにまずはいろいろな枚数で思考実験をしてみるのはどうだろう？」と考えるのはしごく真っ当な発想です。でも実際にやってみると、今回はとても手間であることに嫌気がさしてくると思います。それに、根気よくいろいろな枚数でやってみて4回の操作で元にもどるケースがいくつか見つかったとしても、「すべて」を網羅したと結論するのは簡単ではありません。そこで、「逆からたどる」という発想の転換を使ってみたいと思います。

　さらに、すべての数字を追っかけるのは大変なので最初は「2」のカードの移動だけに注目し[9]、「2」のカードが4回の操作の後に元にもどる条件を考えます。こんな風に書くと「え？　『2』のカードだけ？　『2』が元にもどったとしても、他のカードが元にもどるとは限らないのだから、『2』のカードの移動だけを考えても無意味なのでは？」と思う人がいるかもしれませんね。

　しかし、「2」が元の場所にもどることは、すべての数が元の場所にもどるために少なくとも必要な条件ですから、最初にこれを満たす条件を考えるのは合理的です。

(2) の解答

　カードの枚数が偶数のとき、最後のカードは位置が変わりません。

　問題文に「1から5までのカードで始めると4回の操作で元にもどります」とあるので、「1〜6」までのカードの場合も4回の操作で元にもどるのは明らかです。

　「1〜3」のカードの場合は次の図のように2回の操作でもとにもどります。ということは「1〜4」のときも2回の操作で元にもどります。

---

[8]　1から5までのカードの並びかえの最後に6のカードを加えれば、1から6までのカードの並びかえになる。

[9]　「2」でなくても構いません。

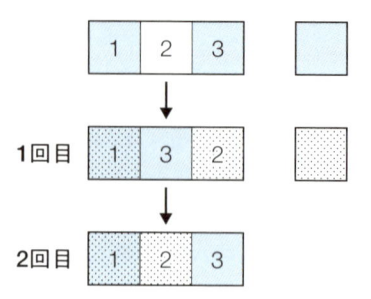

奇数番目のカード

「1〜7」と「1〜8」は（1）で見たように、3回の操作で元にもどります。よって、カードが9枚以上の場合を考えることにします。

とは言え、9枚以上のケースをいちいちやってみるのは骨がおれます。そこで、1回目→2回目→…と考えるのではなく、**4回の操作で元にもどるためには3回目がどのような状態であればいいかを考え、次に3回目でそうなるためには2回目ではどうであるべきかを考え…と、4回目の状態からスタートして4回目→3回目→2回目…と逆にたどって考えていきます。**

また、最初は「2」のカードだけに注目して、「2」のカードが4回の操作で元にもどるための条件を考えます。それからその条件をみたすときに他の数字がどうなるかを確認しましょう。

なお、次の図で「奇$_1$」「奇$_2$」「奇$_3$」…というのは、左から数えて奇数番の1つ目のカード、奇数番の2つ目のカード、奇数番の3つ目のカード…という意味です[*10]。

また、今考えているカードの枚数は9枚以上なので奇数は5個以上あることにも注意してください。

[*10]　左から順に数えれば、奇$_1$：1つ目のカード、奇$_2$：3つ目のカード、奇$_3$：5つ目のカード…です。

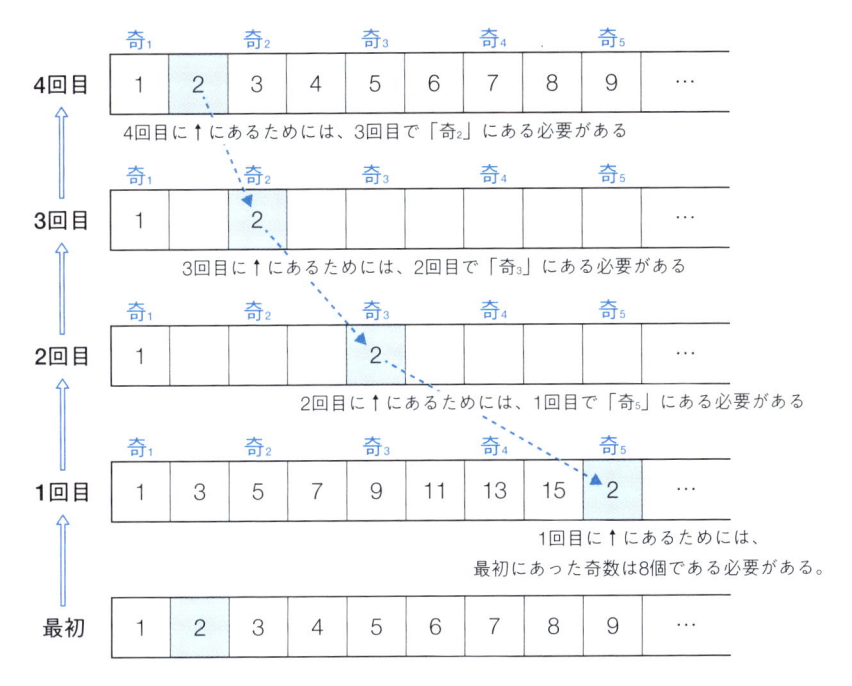

上の図からわかるように、4回目の操作の後に「2」が元の場所、すなわち左から2番目の位置にあるためには、3回目の操作が終わった後に「2」は「奇2」にある必要があります。同様に、3回目の操作が終わった後に「2」が「奇2」にあるためには、2回目の操作が終わった後に「2」は「奇3」にある必要があります。

さらに、2回目の操作が終わった後に「2」が「奇3」にあるためには、1回目の操作が終わった後に「2」は「奇5」にある必要があります[11]。

最初の段階で「2」は左から2番目（偶数番目の最初）にあるので、1回目の操作が終わった後の「2」の左には奇数が小さいほうから順に並んでいるはずです。「奇5」は左から数えて9つ目のカードですから、奇数は8個であることがわかります。

つまり、奇数は「1、3、5、7、9、11、13、15」の8つでなくてはいけません。

ただし、ここまでは「2」についてしか確認していないので、奇数が8個のとき、すなわち「1〜15」と「1〜16」のときにすべての数が元にもどることを確かめておきましょう（冒頭で考察したように、カードの枚数が偶数枚のとき最後のカードの位置は変わらないので、実際に確かめるのは「1〜15」のときだけで十分です[12]）。

---

*11　カードの枚数が9枚以上であれば必ず「奇5」があるので、このように考えることができます。
*12　「1~15」がOKなら「1~16」もOK。

奇₁　　奇₂　　奇₃　　奇₄　　奇₅　　奇₆　　奇₇　　奇₈

| 1 | 2 | 3 | 4 | 5 | 6 | 7 | 8 | 9 | 10 | 11 | 12 | 13 | 14 | 15 |

⇩

1回目

| 1 | 3 | 5 | 7 | 9 | 11 | 13 | 15 | 2 | 4 | 6 | 8 | 10 | 12 | 14 |

⇩

2回目

| 1 | 5 | 9 | 13 | 2 | 6 | 10 | 14 | 3 | 7 | 11 | 15 | 4 | 8 | 12 |

⇩

3回目

| 1 | 9 | 2 | 10 | 3 | 11 | 4 | 12 | 5 | 13 | 6 | 14 | 7 | 15 | 8 |

⇩

4回目

| 1 | 2 | 3 | 4 | 5 | 6 | 7 | 8 | 9 | 10 | 11 | 12 | 13 | 14 | 15 |

　「1～15」のカードで始めると、4回の操作の後にすべての数字が元にもどることがわかりました。よって「1～16」のカードで始めたときも4回の操作の後にすべての数字が元にもどります。

　結局、4回の操作の後にすべての数字が元にもどるのは、「1～5」、「1～6」、「1～15」、「1～16」の4つのケースです。

　以上より答えは…5、6、15、16です。

答え：　　　　　　　　　　**5、6、15、16**

この問題に限らず、「面倒だなあ〜」と思ったときには、大胆な発想の転換が有効であることは少なくありません。発想の転換が苦手な人は「逆に考えるとどうか？」を考えるクセをつけてみてください。

発想の転換に必要な**様々な視点を持つための最初のステップ**は「逆の視点」を持てるようになることです。

それから、答えをズバリ言い当てることが難しいとき、まずは少なくとも必要な条件を考えるという発想は、強力な武器になります。

たとえば新しい住まいを探しているときのことを考えてみましょう。あなたは「駅が近い・2階以上・オートロック」の3つの条件をすべて満たす物件を探しているとします。この場合「駅が近い」ことは少なくとも必要な条件なので、まずは「駅が近い」を満たす物件をピックアップし、その中から他の条件を満たす物件をさらに絞り込んでいくというのはごく自然でかつ効率的な発想ですよね？

あるいは、スーパーに唐揚げ用の鶏肉を買いに来た場合、野菜コーナーから丁寧に探す人はいません。誰でもお肉コーナーに直行します。それは唐揚げ用の鶏肉であるためには、肉であることが少なくとも必要だからです。そしてお肉コーナーの鶏肉の棚の前に来て初めて唐揚げにふさわしい鶏肉を丁寧に吟味し始めるでしょう。

算数や数学においても、答えを探すときには少なくとも必要な条件によって探す範囲を絞り込んでから、その範囲内でひとつひとつを吟味して満足できるものを探すのは実に合理的です。

次の高校入試の問題もこの戦略で攻略できます。

> **問** 3桁の整数で十の位が5、一の位と百の位の数が分かっていない12の倍数がある。一の位と百の位の数を入れかえると15の倍数になるという。元の3桁の整数を求めなさい。
>
> （巣鴨高等学校）

元の数の百の位をx、一の位をyとします。十の位は5ですから

《元の数》

百	十	一
x	5	y

$=100x+50+y$

です。この数の一の位と百の数を入れかえると

《入れかえた数》

百	十	一
y	5	x

$=100y+50+x$

となります。

　問題文には一の位と百の数を入れかえた数「$100y+50+x$」は15の倍数になるとあります。**15の倍数であるためには、少なくとも5の倍数であることが必要**なので、xは**0か5**です。

　しかしxは元の数の百の位でもありますから「0」はあり得ません。よって

$$x=5$$

元の数「$100x+50+y$」に$x=5$を代入すると

$$元の数：100x+50+y=100×5+50+y=550+y　\cdots①$$

です。

　今度はこれが12の倍数になるようなyの値を探していきます。**12の倍数であるためには少なくとも2の倍数であることが必要**ですからyの候補は「0、2、4、6、8」のいずれかです。しかもyは入れかえた数の百の位なので0ではありません。

　つまり、yの候補は「2、4、6、8」のいずれかです。①より

$$元の数：550+y=552 \text{ or } 554 \text{ or } 556 \text{ or } 558$$

となります。元の数の候補は「552、554、556、558」のいずれかに絞られました。**これらが12の倍数になっているかどうかを吟味します。**

$$552 = 12 \times 46$$
$$554 = 12 \times 46 + 2$$
$$556 = 12 \times 46 + 4$$
$$558 = 12 \times 46 + 6$$

ですから、12の倍数になっているのは「552」だけです。

最後に552の一の位と百の位の数を入れかえた数が15の倍数になっているかどうかも吟味します[13]。入れかえた数は「255」ですね。

$$255 = 15 \times 17$$

ですから条件を満たします。

以上より元の3桁の数は…552

一般に、「P⇒Q」という命題[14]（客観的に真偽が判定できる事柄）が真であるとき、Pを十分条件、Qを必要条件といいます。

P ⇒ Q が真であるとき

十分条件　必要条件

例）「人間である⇒哺乳類である」は真なので
哺乳類であることは人間であるために**必要（な）条件**
人間であることは哺乳類であるために**十分（な）条件**
です。

十分条件、必要条件という用語そのものは高校数学の内容ですが、本問は、解を探すための合理的な手続きとして「必要条件による絞り込み→条件を満足することを吟味」というステップの理解を試しています。

本問を解き切ることは大人でも決して簡単ではないでしょう。でも論理的思考力をきちんと育んできた小学生であれば、絶対に太刀打ちできないという問題ではありません。センスや知識ではなく論理的思考力そのものをダイレクトに問うているという点で良問だと思います。

---

*13　もし15の倍数になっていなければ本問は「解なし」です。
*14　⇒は「ならば」と読む論理記号です。

戦略的な補助線が必要な問題

灘中学校 2005年度　　▶難易度: ⛅ ☂ **難**　　▶目標解答時間: **20** 分

問　右の図で、ACの長さは10cm、
AFの長さは6cmで、

　　（ADの長さ）：（BDの長さ）＝3：2
　　（BEの長さ）：（ECの長さ）＝5：2

であるとき、図の⑦の角の大きさは
◻︎度である。

前提となる知識・公式

◎三角形と線分の比の関係

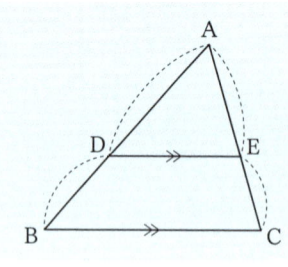

左図の△ABCにおいて、

$$DE // BC \Leftrightarrow AD : DB = AE : EC$$

◎平行線における錯角の性質

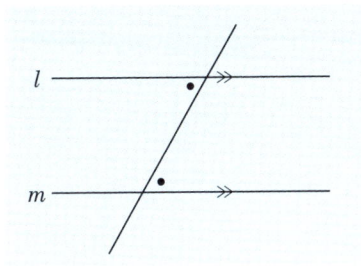

2直線l、mに他の直線が交わるとき、
$l//m$ならば錯角は等しい

◎四角形が平行四辺形になるための条件

（1）2組の対辺が平行
（2）2組の対辺の長さが等しい
（3）2組の対角が等しい
（4）1組の対辺が平行かつ長さが等しい
（5）対角線が互いを二等分する

◎三角形の合同条件

（1）3つの辺の長さが等しい

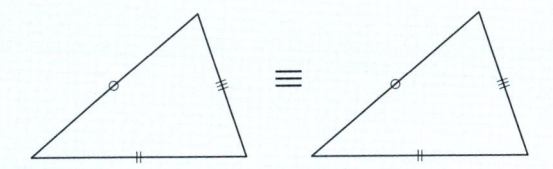

（2）2つの辺の長さとその間の角度が等しい

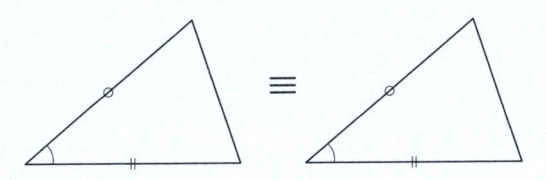

（3）1つの辺の長さとその両端の角度が等しい

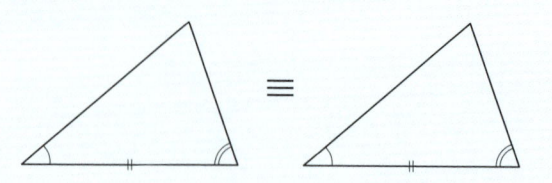

◎対頂角は等しい

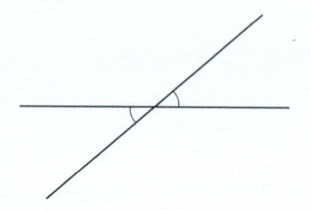

◎二等辺三角形の底角は等しい

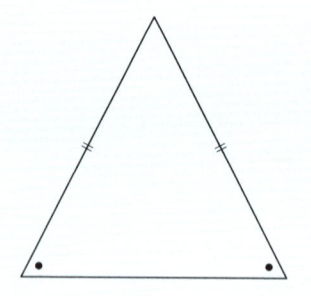

👉 問題を解くためのアプローチと解答[15]

　ADとBDやBEとECは長さの比が与えられているのに対してACとAFだけは具体的な長さが書いてあることに違和感を覚えることが取っ掛かりになります。また具体的な長さは角度を求めるためにさほど役に立つとは思えません[16]。やはりACの長さが10cm、AFの長さが6cmというのは、

$$AC：AF＝5：3　…①$$

＊15　本問は多くのステップを必要とするため、アプローチと解答をまとめました。
＊16　大きさが違っても相似な図形どうしの対応する角度は同じです。

という長さの**比**として使うのだろうと予測がつきます。ただし、ACとAFは別の線分上にあるので使い勝手がよくありません。できればこの**比を同じ線分の上に移したい**ものです。そこで、AEをACと同じ長さになるまで延長してみましょう。

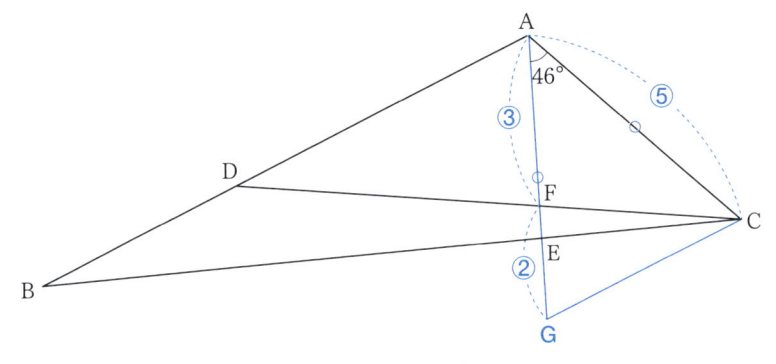

　上の図でAC＝AGとします。AC：AF＝5：3 なので

$$AF：FG＝3：2　…②$$

です。

　そうなると同じ比を持つAD：DB＝3：2が気になってきます。

　BとGを結べば△ABGにおいて、②よりAD：DB＝AF：FGとなり、**三角形と線分の比の関係**から

$$DF//BG　…③$$

です。

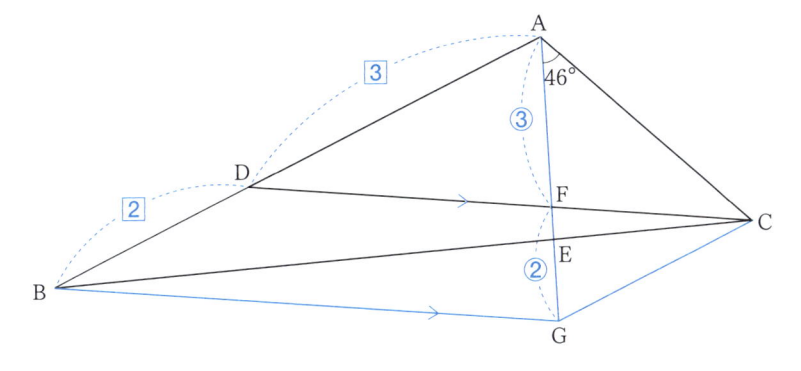

さて、3つある条件のうちまだBE：EC＝5：2が使えていません。これをどう使ったらいいかを考えるわけです。おそらくさらに補助線が必要でしょう。**補助線の基本**[17]**は既にある直線の平行線か垂線**です。今回は最終的に角度を求める問題なので、（平行線と錯角の性質が使える）平行線を引くことを考えてみましょう。

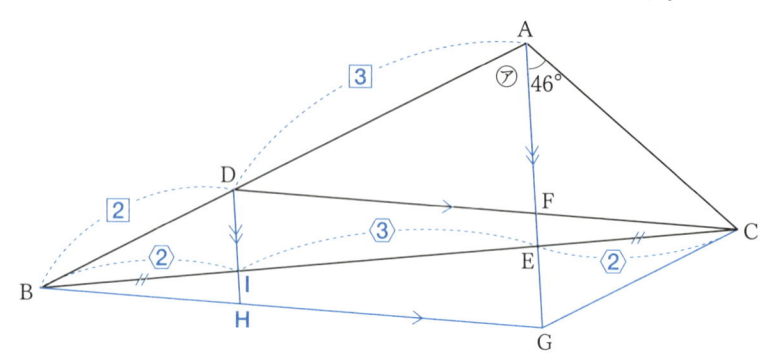

Dを通りAGに平行な直線とBEとの交点をI、BGとの交点をHとします。△BEAにおいて

$$DI // AE \quad \cdots ④$$

なので、**三角形と線分の比の関係から**BI：IE＝2：3ですね。

これとBE：EC＝5：2より、

$$BI : IE : EC = 2 : 3 : 2$$
$$\Rightarrow BI = CE \quad \cdots ⑤$$

であることがわかります。

ここまでくれば、AB//GCだったらいいのにな、という気分になってきませんか？もしそうなら求める角度⑦と∠AGCは**平行線と錯角の関係**になって、しかも△AGCが二等辺三角形であること[18]から⑦を求めることができます！

AB//GCであることはDB//GCであることと同値ですから**四角形DBGCが平行四辺形である**ことがわかれば十分です。**四角形が平行四辺形であるための条件**にはいくつかありますが、ここでは「**1組の対辺が平行かつ長さが等しい**」を使いましょう。

四角形DHGFは平行四辺形ですからDF＝HGであることはわかっています。あとはFC＝HBであることがわかれば、DC//BGかつDC＝BGとなり、四角形DBGCは平行四辺形であると言えます。

＊17　後述します。
＊18　最初に、AG＝ACになるようにAEを延長したのでしたね。

ではFC＝HBを示すにはどうしたらいいだろう…と考えて△FCE≡△HBIであるのかもしれないと予想できればしめたものです。

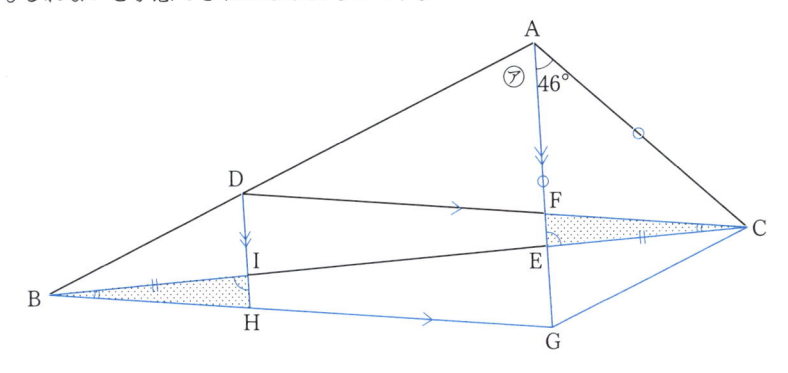

△HBIと△FCEにおいて③よりDC//BGなので

$$\angle HBI＝\angle FCE（錯角）\quad\cdots⑥$$

同様に④よりDH//AGなので

$$\angle DIE＝\angle GEI（錯角）$$

それぞれの**対頂角は等しいから**

$$\angle HIB＝\angle FEC\quad\cdots⑦$$

⑤、⑥、⑦より**1辺とその両端の角度が等しいので**

$$\triangle HBI≡\triangle FCE$$
$$\Rightarrow BH＝CF\quad\cdots⑧$$

ここで、③、④より四角形DHGFは平行四辺形なので

$$HG＝FD\quad\cdots⑨$$

⑧、⑨より

$$BG＝BH＋HG＝CF＋FD＝CD$$
$$\Rightarrow BG＝CD\quad\cdots⑩$$

また、③より当然

$$BG/\!/CD \quad \cdots ⑪$$

⑩と⑪より、一組の対辺が平行かつ長さが等しいので、四角形DBGCは平行四辺形。これより、

$$AB/\!/GC$$

平行線と錯角の関係から

$$\Rightarrow ⑦ = \angle AGC = (180° - 46°) \div 2 = 134° \div 2 = 67°$$

答え： **67°**

NAGANO'S EYE

永野の目

「我思う故に我あり」の言葉で有名なかのデカルト（1596-1650）は、幾何学について次のように言っています。

> 「（幾何学は）ただ図形の観察にのみ限られるために、**想像力をひどく疲れさせる** ことなしには理解力を働かせることができない」

（吉田洋一・赤攝也著『数学序説』）

人類史上最も頭脳明晰な人物の一人と言っても過言ではないデカルトですら、図形問題には手を焼いていたのです。余談ですがデカルトが感じていたこの幾何学特有の困難は、彼に座標を発明させる契機になりました。

誰にも経験のあることだと思いますが、図形問題というのは、それなりに問題数をこなしていても、少しひねられると、なかなか切り口が見つからないものです。答えを聞けば「ああ、なるほど」と思うのに、自分にはできそうもないと悲観してしまうこともよくあるでしょう。それは、数式で解いていく問題に比べて図形問題は遥かにバリエーションが多く、パターン化することが難しいからです。

そういう意味では、ごく基本的なものを除けば図形問題の多くに手こずるのはいわば当たり前なのです。中でも非常に多くのステップが必要になる本問は中学入試問題の図形問題としては最高ランクの難しさだと思います。

本問のポイントは2本の補助線AG（EG）とDHを引けるかどうかです[19]。
補助線は闇雲に引いても図が汚くなるばかりで、ちっとも解決しません。補助線はいつも戦略的に引かなければいけないのです。本問でもAGを引くのは**比を同じ線分上にまとめたい**からであり、DHを引くのは**平行線を引くことで情報が増える**だろうという目論見があるからです。ここで補助線の基本についてお話ししておきましょう。

《補助線の基本》

補助線の基本は既にある直線の平行線や垂線です。

平行線を引けば、錯角や同位角が等しいという情報が増えますし、三角形と線分の比の関係を使える可能性もあります。また垂線を引けば直角三角形が出現して三平方の定理が使えることも多いです。すなわち平行線や垂線は引く前から情報が増えるこ

灘中学2005年度

---

[19]　BGも補助線ですが、これはAGが引ければ多くの人が引けると思います。

とが期待できる補助線なので、これを考えることは戦略的であると言えるでしょう。

　次の問題も平行線となる補助線を引くことで解決します。なお、この問題は中学以上で習う三角形の角の二等分線についての定理を使えばすぐに答えが出せますが、ここでは定理を知らないものとして補助線を使って解決していきます。

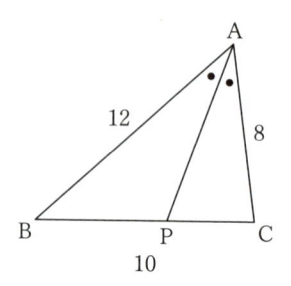

　上の図のように△ABCにおいて、AB＝12cm、BC＝10cm、CA＝8cmである。APが∠BACの二等分線であるとき、BPの長さを求めなさい。

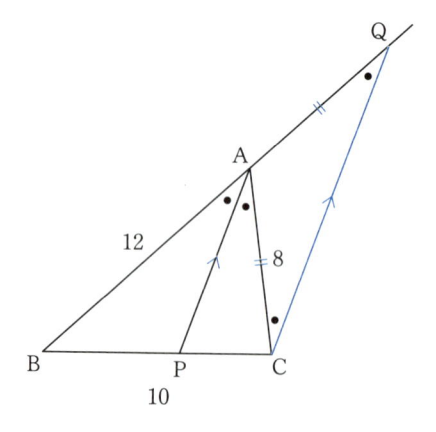

　上の図のように、∠BACの二等分線APと平行にCから補助線を引き、BAの延長との交点をQとします。すると

$$PA /\!/ CQ$$

より、

$$\angle \mathrm{BAP}=\angle \mathrm{AQC}\quad(\text{同位角})$$

$$\angle \mathrm{CAP}=\angle \mathrm{ACQ}\quad(\text{錯角})$$

$$\angle \mathrm{BAP}=\angle \mathrm{CAP}\quad(\text{APは}\angle \mathrm{BACの二等分線})$$

補助線によって
増えた情報

よって$\angle \mathrm{AQC}=\angle \mathrm{ACQ}$。つまり△ACQは二等辺三角形なので

$$\mathrm{AC}=\mathrm{AQ}\cdots①$$

一方、△BCQにおいて、PA//CQより

$$\mathrm{BP}:\mathrm{PC}=\mathrm{BA}:\mathrm{AQ}$$

①より

$$\mathrm{BP}:\mathrm{PC}=\mathrm{AB}:\mathrm{AC}=12:8=3:2$$

よって、

$$\mathrm{BP}=\mathrm{BC}\times\frac{3}{5}=10\times\frac{3}{5}\Rightarrow \mathrm{BP}=6$$

「主役」である$\angle \mathrm{BAC}$の二等分線APに平行な補助線CQを引くことで、等しい同位角や錯角が出現して、**情報が一気に増える様子**がわかってもらえたでしょうか？

《補足：三角形の角の二等分線の定理》

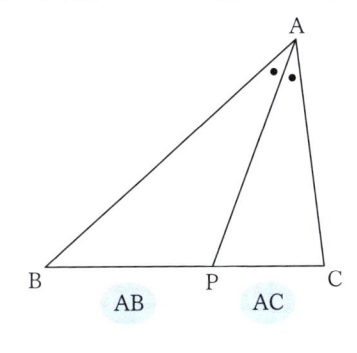

一般に、△ABCにおいて、$\angle \mathrm{BAC}$の二等分線とBCの交点をPとすると

$$\mathrm{BP}:\mathrm{PC}=\mathrm{AB}:\mathrm{AC}$$

が成立します。上の解答は、この定理の証明になっています。

図形問題で補助線を引いて考えることが苦手な方は、まず既にある直線の平行線や垂線を引くことを考えてみてください。

CHAPTER 0 - 2

中学校編 JUNIOR HIGH SCHOOL LEVEL

　中学3年生というのは、文字式を使ったり2次方程式を解いたりといった手法は学んでいるものの、全体に数学的な技能や知識はまだまだ駆け出しの状態です。特に代数分野（方程式）と解析分野（関数）については、そのほんの入口の基礎固めを終えたに過ぎません。

　しかし、幾何（図形）に関しては、高校数学で学ぶ内容とほぼ同程度のことを学んでいます。数学史を紐解くと、古代ギリシャで幾何学がまず抜きん出て発展したことからもわかるように、幾何は代数や解析のように多くの知識や技能を必要としないからです。そのため、この章は他の章に比べて幾何の問題が多くなっています。

　幾何の問題はついヒラメキに頼ってしまいがちですが、本書では論理的かつ戦略的に、ひとつずつブロックを積み上げるようにアプローチする様を書きました。他人から見ればヒラメキにしか思えない発想が着実に手に入るというのも、数学的思考力の賜物だということをわかっていただければ幸いです。

「困難の分割」が必要な問題

慶應義塾女子高等学校 2016年度 ▶難易度：易 標 難 ▶目標解答時間：**5**分

問 数直線上の原点Oから出発して、1つのさいころを投げて出た目の数だけ右に進んでその位置に印をつけ、次にまたその位置で1つのさいころを投げて出た目の数だけ右に進んで印をつけることを繰り返す。2点A、Bの座標がそれぞれ2、4であるとき、次の問いに答えなさい。

（1）さいころを2回投げたときに、点Bに印がついている確率を求めなさい。

（2）さいころを4回投げたときに、点Aにも点Bにも印がついている確率を求めなさい。

前提となる知識・公式

◎確率の求め方

起こりうる場合の数が全部でn通りあり、それらがすべて**同様に確からしい**[1]とする。このとき、ある事柄Aの起こる場合がa通りあるとすると、Aの起こる確率は次のとおり[2]。

$$P(A) = \frac{a}{n}$$

☞ （1）を解くためのアプローチ

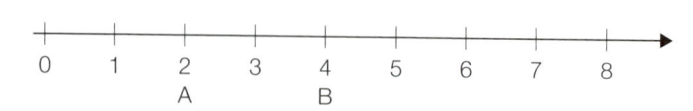

0　1　2　3　4　5　6　7　8
　　　A　　　B

点Bに印がつくのは、1回目終了時点でBにいるときと、2回目終了時点でBにい

---

[1]　起こる場合の1つ1つについて、そのどれが起こることも同じ程度に期待できるということ。さいころの目の出方はそれぞれ同様に確からしいと言えます。

[2]　$P(A)$はprobability of event Aの略です。

るときのどちらかです。

 (1) の解答

さいころを1回目に投げたときの出た目をx、2回目に投げたときの出た目をyとすると、Bに印がつくのは次の（ⅰ）か（ⅱ）のいずれかのケースに限られます。

（ⅰ）　$x=4$のとき

$x=4$になる場合の数は（yの値は何でもいいので）

$$(x,\ y)=(4,\ 1)、(4,\ 2)、(4,\ 3)、(4,\ 4)、(4,\ 5)、(4,\ 6)\quad \text{の **6通り**}$$

（ⅱ）　$x+y=4$のとき

$$(x,\ y)=(1,\ 3)、(2,\ 2)、(3,\ 1)\quad \text{の **3通り**}$$

一方、さいころを2回ふるときの目の出方は全部で

$$6\times6=\textbf{36通り}$$

以上より、求める確率は

$$\frac{6+3}{36}=\frac{9}{36}=\frac{1}{4}$$

答え：
$$\frac{1}{4}$$

 (2) を解くためのアプローチ

4回分の目の出方を考えるとなるとやや面倒な感じがします。そこで、**1回目に出る目で**場合分けすることを考えましょう。

 (2) の解答

さいころを1回目に投げたときの出た目をx、2回目に投げたときの出た目をy、3回目に投げたときの出た目をz、4回目に投げたときの出た目をwとします。

（ⅰ）　$x=1$のとき

　Aに印がつくのは、2回目に出る目が$y=1$のときだけです。

　次にBに印がつくのは3回目でBに進む場合と、4回目でBに進む場合があります。

　3回目でBに進むのは$z=2$のとき。このときwは何でも構いません。4回目でBに進むのは$z=1$かつ$w=1$のときだけです。

　以上をまとめると

$$(x,\ y,\ z,\ w)$$
$$=(1,\ 1,\ 2,\ 1)、(1,\ 1,\ 2,\ 2)、(1,\ 1,\ 2,\ 3)、(1,\ 1,\ 2,\ 4)、$$
$$(1,\ 1,\ 2,\ 5)、(1,\ 1,\ 2,\ 6)、(1,\ 1,\ 1,\ 1)\ \ \text{の }\textbf{7 通り}$$

（ⅱ）　$x=2$のとき

　既にAにいるので、Bに印がつくのは2回目でBに進むか、3回目でBに進むかのいずれかです（残りの目盛りは2なので、4回目でBに進む可能性はありません）。

　2回目でBに進むのは$y=2$のとき。このときzとwは何でも構いません。3回目でBに進むのは$y=1$かつ$z=1$のときです。このときwは何でも構いません。

　以上をまとめると

$$(x,\ y,\ z,\ w)$$
$$=(2,\ 2,\ 1,\ 1)、(2,\ 2,\ 1,\ 2)、\cdots\cdots、(2,\ 2,\ 6,\ 6)、$$
$$(2,\ 1,\ 1,\ 1)、(2,\ 1,\ 1,\ 2)、(2,\ 1,\ 1,\ 3)、$$
$$(2,\ 1,\ 1,\ 4)、(2,\ 1,\ 1,\ 5)、(2,\ 1,\ 1,\ 6)\text{の}36+6=\textbf{42通り}$$

> $6 \times 6 = 36$通り

（ⅲ）　$x \geqq 3$のとき

　Aを通過してしまうので、あてはまるケースはありません。

　一方、さいころを4回ふるときの目の出方は全部で

$$6^4 = \textbf{1296通り}$$

　以上より、求める確率は

$$\frac{(7+42)}{1296} = \frac{49}{1296}$$

答え：
$$\frac{49}{1296}$$

NAGANO'S EYE

永野の目

　ルネ＝デカルトは著書『方法序説』の中で「困難は分割せよ」と言いました。有名な言葉なのでご存知の方も多いでしょう。困難な、あるいは面倒（そう）な問題に当たったとき、全体を一挙に考えるのではなく、問題をいくつかのケースに分けて考えるのは困難の分割そのものです。

　本問の特に（2）は、一見面倒そうな印象を受けますね。でも、1回目に出る目で場合分けしてみると拍子抜けするほど簡単な感じがしたのではないでしょうか？

　一般に「すべてのカラスは黒い」のように一つの集合を構成するすべての要素について言及した命題を**全称命題**と言いますが、「全部でいくつあるか？」とか「すべての〜は…」のように**ある対象全体を調べる必要がある場合には、「場合分け」が有効なことはとても多いです。**

　たとえば、「nを整数とするとき、n^2を3で割った余りは必ず0か1になることを証明しなさい」という問題も、すべての整数について考えるなんてどうしたら…とゲンナリしてしまうかもしれませんが、nを3で割った余りで場合分けすれば比較的簡単に解決します。

（ⅰ）　$n=3k$　のとき　［kは整数］

$$n^2=(3k)^2=9k^2=3\cdot3k^2\rightarrow3で割った余りは0$$

（ⅱ）　$n=3k+1$　のとき　［kは整数］

$$n^2=(3k+1)^2=9k^2+6k+1=3(3k^2+2k)+1\rightarrow3で割った余りは1$$

（ⅲ）　$n=3k+2$　のとき　［kは整数］

$$n^2=(3k+2)^2=9k^2+12k+4=3(3k^2+4k+1)+1\rightarrow3で割った余りは1$$

（ⅰ）（ⅱ）（ⅲ）より、n^3を3で割った余りは必ず0か1になる。

（証明終）

場合分けによって全体を分解し、初めのケースを解決すると、たいてい次のケースには同様の考え方が応用できます。つまり最初のケースさえしっかりと考えておけば、あとはほとんどオートマティックに進んでいくのです。このような論法は最初のケースを土台にして他のケースを上に積み上げていくイメージから「**山登り法**」と呼ばれることがあります。

　よく生徒さんから「場合分けが必要なのはどのようなケースですか?」と聞かれます。それに対して私はいつも「全体をまとめて考えるのが難しいときです」と答えます。
　我ながら抽象的な答えで申し訳ないのですが、大切なのは「面倒だな…」とか「難しいな…」と感じたときに、「**部分的にひとつずつ解決していこう**」という**方針を持てるようになること**です。そうすれば、場合分けは必要に応じてできるようになります。困難の分割、いろいろなシーンで是非試してみてください!

演繹的処理の醍醐味を味わう問題

東大寺学園高等学校 2012年度　　▶難易度: 易 [標][難]　▶目標解答時間: **10** 分

問　自然数の逆数を、2つの自然数の逆数の和で表すことを考える。

たとえば、$\frac{1}{2}$ は $\frac{1}{3}+\frac{1}{6}$、$\frac{1}{4}+\frac{1}{4}$ の2通り、$\frac{1}{3}$ は $\frac{1}{4}+\frac{1}{12}$、$\frac{1}{6}+\frac{1}{6}$ の2通り、

$\frac{1}{4}$ は $\frac{1}{5}+\frac{1}{20}$、$\frac{1}{6}+\frac{1}{12}$、$\frac{1}{8}+\frac{1}{8}$ の3通りの表し方がある。このとき、次の問いに答えよ。

(1) 自然数nに対して、$\frac{1}{n}=\frac{1}{n+p}+\frac{1}{n+q}$ を満たすp、qの積pqをnで表せ。

(2) $\frac{1}{6}$ を2つの自然数の逆数の和で表すとき、そのすべての表し方を書け。

(3) $\frac{1}{216}$ を2つの自然数の逆数の和で表すとき、表し方は全部で何通りあるか。

前提となる知識・公式

◎乗法公式[3]

$$(x+a)(x+b)=x^2+(a+b)x+ab$$

◎素因数分解の結果と約数の個数の関係

ある数Nを素因数分解した結果が$N=p^m q^n$のとき、Nの約数の個数は$(m+1)(n+1)$個。

例）$24=2^3 \cdot 3^1$ より、24の約数の個数は$(3+1)(1+1)=8$個。

　→実際、24の約数は

　$2^0 \cdot 3^0=1 \times 1=1$、$2^1 \cdot 3^0=2 \times 1=2$、$2^2 \cdot 3^0=4 \times 1=4$、$2^3 \cdot 3^0=8 \times 1=8$

[3]　分配法則による展開さえできれば乗法公式は必ずしも必要ではありませんが、知っていると便利です。

$2^0 \cdot 3^1 = 1 \times 3 = 3$、$2^1 \cdot 3^1 = 2 \times 3 = 6$、$2^2 \cdot 3^1 = 4 \times 3 = 12$、$2^3 \cdot 3^1 = 8 \times 3 = 24$
の 8 個。

(1) を解くためのアプローチ

中学 1 年生で 1 次方程式を習ったとき、

$$\frac{2}{3}x - \frac{1}{2}x = \frac{1}{3}$$

のように分数を含む方程式は、

$$\left(\frac{2}{3}x - \frac{1}{2}x\right) \times 6 = \frac{1}{3} \times 6 \Rightarrow 4x - 3x = 2 \Rightarrow x = 2$$

と、**分母をはらって**[*4]計算すると楽に計算できることを学びました。同じように与え
られた文字式の分母をはらってみましょう。

(1) の解答

$$\frac{1}{n} = \frac{1}{n+p} + \frac{1}{n+q}$$

$$\Rightarrow \frac{1}{n} \times n(n+p)(n+q) = \left(\frac{1}{n+p} + \frac{1}{n+q}\right) \times n(n+p)(n+q)$$

$$\Rightarrow (n+p)(n+q) = n(n+q) + n(n+p)$$

$$\Rightarrow n^2 + (p+q)n + pq = 2n^2 + (p+q)n$$

$$\Rightarrow pq = n^2$$

答え：
$$pq = n^2$$

---

*4　　　分数式の両辺に適当な文字や数を掛けて分数のない形にすることを「分母をはらう」といいます。

☞ (2)を解くためのアプローチ

　問題文には、$\dfrac{1}{2}$ と $\dfrac{1}{3}$ と $\dfrac{1}{4}$ を2つの自然数の逆数の和で表した場合の例が載っていますが、これを眺めていても解決しそうにはありません。そこで（1）で求めた文字式を活用することにしましょう。

(2)の解答

（1）より、

$$\frac{1}{n}=\frac{1}{n+p}+\frac{1}{n+q} \Rightarrow pq=n^2$$

なので、$n=6$ のとき

$$\frac{1}{6}=\frac{1}{6+p}+\frac{1}{6+q} \quad \cdots① \Rightarrow pq=6^2=36$$

　問題文に「$\dfrac{1}{6}$ を2つの自然数[*5]の逆数の和で表す」とありますので、p と q は

$$pq=36、6+p>0、6+q>0 \quad \cdots②$$

を満たす整数であることがわかります。

　ただし（問題文に挙げられている例からもわかるとおり）、$(p,\ q)=(1,\ 36)$、$(36,\ 1)$ のように p と q を入れ換えたときに同じになる組合せはどちらか一方を考えれば十分です。そこで、②の条件を満たす整数 p、q のうち $p \leqq q$ のケースだけを考えることにしましょう。
　それは

$$(p,\ q)=(1,\ 36)、(2,\ 18)、(3,\ 12)、(4,\ 9)、(6,\ 6)$$

の5つです。それぞれを①に代入すれば答えを得ます。

＊5　　正の整数

$$\frac{1}{6} = \frac{1}{6+1} + \frac{1}{6+36} = \frac{1}{7} + \frac{1}{42}$$

$$\frac{1}{6} = \frac{1}{6+2} + \frac{1}{6+18} = \frac{1}{8} + \frac{1}{24}$$

$$\frac{1}{6} = \frac{1}{6+3} + \frac{1}{6+12} = \frac{1}{9} + \frac{1}{18}$$

$$\frac{1}{6} = \frac{1}{6+4} + \frac{1}{6+9} = \frac{1}{10} + \frac{1}{15}$$

$$\frac{1}{6} = \frac{1}{6+6} + \frac{1}{6+6} = \frac{1}{12} + \frac{1}{12}$$

答え： $\dfrac{1}{7}+\dfrac{1}{42}$、$\dfrac{1}{8}+\dfrac{1}{24}$、$\dfrac{1}{9}+\dfrac{1}{18}$、$\dfrac{1}{10}+\dfrac{1}{15}$、$\dfrac{1}{12}+\dfrac{1}{12}$

(3) を解くためのアプローチ

（2）と同様に考えることができそうです。ただし今回はすべてを書き出すのではなく「何通りあるか」という設問なので、「**素因数分解の結果と約数の個数の関係**」を使います。

✎ (3) の解答

（1）より、

$$\frac{1}{n} = \frac{1}{n+p} + \frac{1}{n+q} \Rightarrow pq = n^2$$

なので、$n=216$ のとき

$$\frac{1}{216} = \frac{1}{216+p} + \frac{1}{216+q} \Rightarrow pq = 216^2$$

です。（2）と同様に p と q は

$$pq = 216^2、\ 216+p > 0、\ 216+q > 0、\ p \leq q \quad \cdots ③$$

を満たす整数です。

③の条件を図示すると次のとおり。

＊6　　x座標もy座標も整数である点。

＊7　　$6^3 = 216$ であることは覚えておいて損はありません。また $(a^m)^n = a^{m \times n}$ や $(ab)^n = a^n b^n$ となること（指数法則）を使いました。

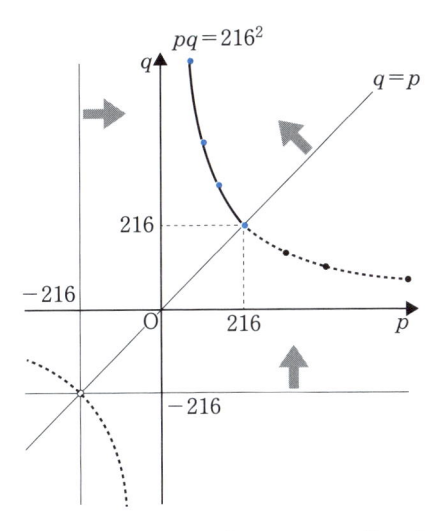

　図より③を満たす (p, q) は、**$pq=216^2$のグラフ上の格子点[6]のうち、p座標が0$<p\leqq216$である点**です。

　$pq=216^2$のグラフ上の格子点のうち、0$<p$である点の個数は216^2の約数の個数に等しいので、まずは216^2の約数の個数を計算しましょう。

$$216^2=(6^3)^2=6^6=(2\times3)^6=2^6\times3^6$$

なので、**「素因数分解の結果と約数の個数の関係」**より、216の約数の個数は

$$(6+1)(6+1)=49個$$

です[7]。

　また、$pq=216^2$のグラフ上の格子点は直線$q=p$に関して対称に分布していますから、③を満たす(p, q)の個数は結局

$$(49-1)\div2+1=25個$$

と計算することができます[8]。

　以上より、「$\dfrac{1}{216}$を2つの自然数の逆数の和で表す」ときの表し方は…25通り

答え：　　　　　　　　　　　　　　**25通り**

---

[8]　格子点は直線$q=p$上にもあるので、これを除いてから2等分し、その後あらためて直線$q=p$上にある1点を加えています。

NAGANO'S EYE

永野の目

　算数と数学の違いをひとことで言えば、数式に文字を使わないのが算数、数式に文字を使うのが数学だと言うことができるでしょう。

　ではなぜ数式に文字を使うのでしょうか？　それは**得られたアイディアや解法を一般化したい**からです。公式や定理はいつも文字を使って表されます。文字を使って表しておけば、以後の同種の問題はすべて演繹的に処理[*9]することができて労力を大幅に軽減することができます。

　本問でも（1）で「自然数の逆数を2つの自然数の和で表す」際に成り立つ性質を文字式で考えておいたからこそ、（2）や（3）で具体的な数字について考えるのはだいぶ楽になっているわけです。

　しかしこの問題は、算数的に文字式を使わずに解こうとすると途端に難しくなります。

　算数的に解くのは大変だけれど、数学的に解くのは比較的簡単、ということから演繹的処理の醍醐味を味わえる良問だと思います。

　算数は比較的得意だったけれど、中学以降の数学は苦手になってしまう子は少なくありません。それは演繹的処理の訓練が足りないからです。演繹的処理のセンス・技術を高めるには、中学1年生の「**文字式の利用**」という単元を学び直すことをお勧めします。

　そこで「半径$r$cmの円の面積を文字式で表しなさい」や「偶数と偶数の和は偶数になることを説明しなさい」等の問題から始めてみるとよいでしょう。言わば、具体と抽象を自由に行き来できる感覚を磨くことが大切です。

　ここで「いや、算数で台形の面積を出すとき、

$$（上底＋下底）×高さ×\frac{1}{2}$$

を使うのだって、演繹的処理なのではないか？」と思われる方がいらっしゃるかもしれません。そのとおりです。ただし、算数では演繹的処理に使えるような「公式」は数学に比べるとごくわずかしか登場しません。

　よく「公式は覚えてはいるはずなのですが、いつ使うべきかがわかりません」という声を聞きます。こうした生徒さんはたいてい公式を丸暗記していて、「証明してご

[*9]　一般に成り立つ性質を具体例にあてはめて考えること。

らん」と言うとできないことが多いです。この「**丸暗記**」こそが**公式を正しくアウト**
プットできなくなる元凶です。

　台形の面積公式を例に説明しましょう。たとえば、下の図の台形の面積を求めるこ
とを考えます。

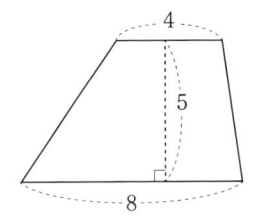

　もし公式を知らないとしたら、どうしますか？

　この本の読者なら「簡単だよ。2つの三角形に分ければいいんでしょ」と答えてく
れる方も多いと思います。やってみます。

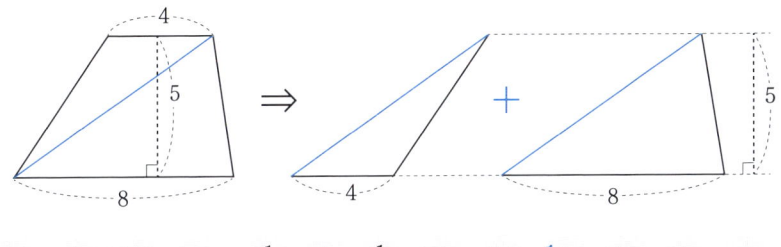

$$4 \times 5 \times \frac{1}{2} + 8 \times 5 \times \frac{1}{2} = (4+8) \times 5 \times \frac{1}{2} = 30$$

　言うまでもありませんが、台形の面積の公式というのは、上の数式の青字の部分を
文字（小学校では言葉）に置き換えたものにすぎません。

　さて、ここからが重要です。上のように台形を2つの三角形に分ければいいと考え
られる人は、台形の面積の公式も使おうと思えば使えたのではないでしょうか？

　要は、公式を正しくアウトプットできる人というのは、公式を使わなくても解ける
人です。公式を使わなくても解けるけれど、計算が面倒だから（時間がかかるから）
公式を使って演繹的に処理しようとする人だけが、然るべきときに公式を使うことが
できると言っても過言ではありません。

　そのためにも**公式は必ず自分の手で証明できるようにしましょう**。公式を導けるよ
うにしておけば、公式を覚えていなくても（時間はかかるかもしれませんが）問題を
解くことができます。それはつまり、公式を使わなくても解けるということです。

立場を変えて発想を転換する問題

桐蔭学園高等学校 2016年度 ▶難易度: 易 **並** 難 ▶目標解答時間: **15** 分

問　右の図のように、AB＝BC＝CA＝4、
DA＝DB＝DC＝6の四面体ABCDがある。
また、辺BCの中点をMとする。
　このとき、次の□に最も適する数字を答えよ。

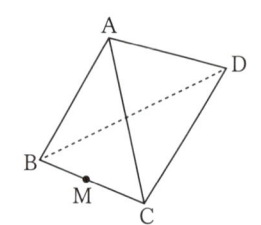

（1）AM＝□ア√□イ、DM＝□ウ√□エである。

（2）点Aから△BCDに垂線AHを下ろしたとき、
　　　AH＝$\dfrac{\sqrt{オカ}}{キ}$である。

（3）四面体ABCDの体積は$\dfrac{ク\sqrt{ケコ}}{サ}$である。

（4）点Dから△ABCに垂線DEを下ろす。線分AHと線分DEの交点をFとするとき、AF：FH＝シス：セである。

前提となる知識・公式

◎三平方の定理

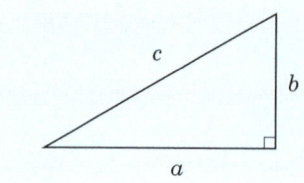

$$a^2 + b^2 = c^2$$

◎乗法公式

$$(a-b)^2 = a^2 - 2ab + b^2$$

◎分母の有理化

分母に $\sqrt{}$ が含まれるとき、分母から $\sqrt{}$ を取り除く式変形[10]。

$$例)\quad \frac{6}{\sqrt{2}} = \frac{6}{\sqrt{2}} \times \frac{\sqrt{2}}{\sqrt{2}} = \frac{6\sqrt{2}}{2} = 3\sqrt{2}$$

◎三角錐の体積

三角錐の底面積を S、高さを h とすると体積 V は次式で与えられる[11]。

$$V = \frac{1}{3}Sh$$

◎三角形の相似条件

（1）3つの辺の比が等しい

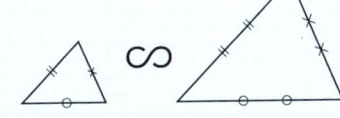

（2）2つの角が等しい

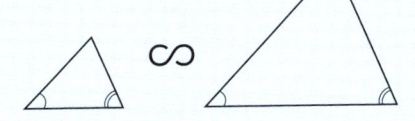

（3）2つの辺の比とその間の角が等しい

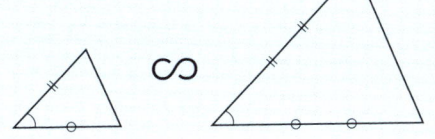

---

*10　式を簡単にしたり計算しやすくしたりするために行います。有理化が必要ないときもありますが、中高、特に中学生のうちは行ったほうが無難です。

*11　高校で学ぶ積分を使えばなぜ $\times \frac{1}{3}$ なのかが分かります。

◎外項の積＝内項の積

$$a\underset{\text{内項}}{\overset{\text{外項}}{:b=c:}}d \quad \Rightarrow \quad ad=bc$$

（1）～（3）を解くためのアプローチ

高校入試としては標準的な問題です。三平方の定理を何度も使います。

立体問題は見取り図で考えるのではなく断面図等の平面図形を抜き出して考えましょう。

突然ですが、下の図は何に見えますか？　もちろん立方体（もしくは直方体）に見えますよね？

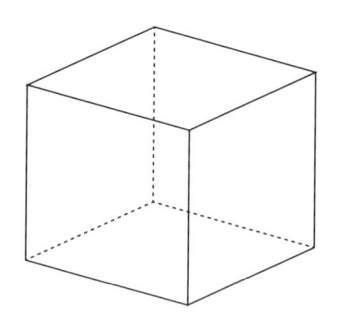

でも、この図を算数や数学の教育を受けたことがない人に見せると、立体だとは思わず、六角形の中に何本かの直線が引かれた図形としか認識しないという話を聞いたことがあります。この話の真偽はともかく、そう思われても仕方がないくらい、見取り図が歪んでいるのは確かです。実際の立方体（もしくは長方体）の各面は正方形（もしくは長方形）であり、すべての角は90°ですが、上の見取り図ではどの角も90°にはなっていませんね。立体を平面に押し込めたために生じるこうした「歪み」は様々な勘違いの元です。だからこそ、立体の問題を解くときは断面図等の平面図形を抜き出して考える必要があります。

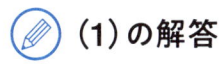 **(1)の解答**

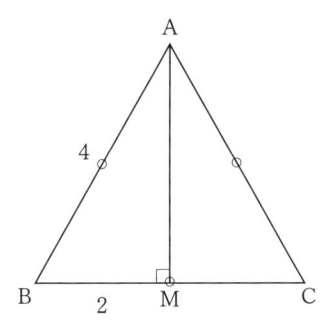

　△ABCは一辺の長さが4の正三角形です。MはBCの中点なので、BM＝2。△ABM
に三平方の定理を用いると、

$$AM^2 + BM^2 = AB^2 \Rightarrow AM^2 + 2^2 = 4^2$$
$$\Rightarrow AM^2 + 4 = 16$$
$$\Rightarrow AM^2 = 12$$
$$\Rightarrow AM = \sqrt{12} = 2\sqrt{3}$$

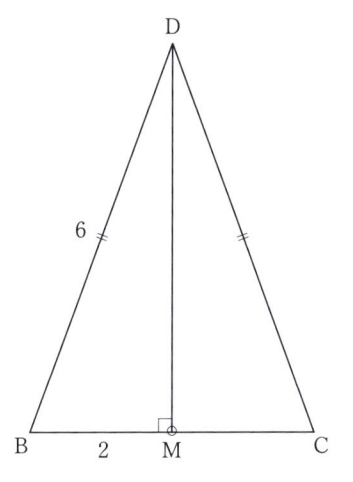

　同様に△DBMに三平方の定理を用いると、

$$DM^2 + BM^2 = DB^2 \Rightarrow DM^2 + 2^2 = 6^2$$
$$\Rightarrow DM^2 + 4 = 36$$
$$\Rightarrow DM^2 = 32$$
$$\Rightarrow DM = \sqrt{32} = 4\sqrt{2}$$

答え： 　ア$=2$ 　　イ$=3$ 　　ウ$=4$ 　　エ$=2$

（2）の解答

　HはAから△BCDに下ろした垂線の足[*12]です。HはDM上にあるので△**AMD**を考えることにします。

　下の図のようにMH$=x$、AH$=y$とすると、（1）よりDM$=4\sqrt{2}$なので、DH$=4\sqrt{2}-x$ですね。

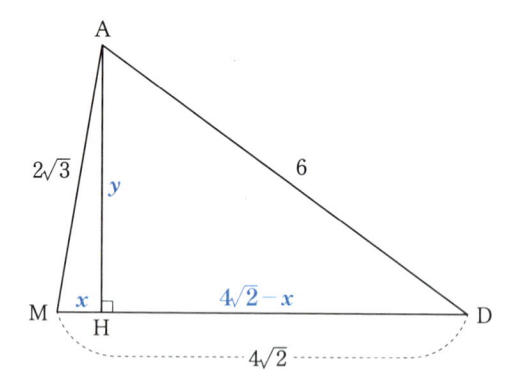

　△AMHについて三平方の定理を使うと

$$x^2 + y^2 = (2\sqrt{3})^2 = 12 \quad \cdots ①$$

　△AHDについて三平方の定理を使うと

$$(4\sqrt{2}-x)^2 + y^2 = 6^2$$
$$\Rightarrow 32 - 8\sqrt{2}\,x + x^2 + y^2 = 36$$

$(a-b)^2 = a^2 - 2ab + b^2$

＊12　　ある点から線や面に引いた垂線とその線や面との交点を「垂線の足」といいます。ここでは、Aから
　　　　△BCDに引いた垂線と△BCDとの交点のことです。

①を代入して

$$\Rightarrow 32 - 8\sqrt{2}\,x + 12 = 36$$

$$\Rightarrow 8\sqrt{2}\,x = 8$$

$$\Rightarrow x = \frac{1}{\sqrt{2}}$$

①に代入

$$\left(\frac{1}{\sqrt{2}}\right)^2 + y^2 = 12$$

$$\Rightarrow \frac{1}{2} + y^2 = 12$$

$$\Rightarrow y^2 = \frac{23}{2}$$

$$\Rightarrow y = \sqrt{\frac{23}{2}} = \sqrt{\frac{23}{2}} \times \frac{\sqrt{2}}{\sqrt{2}} = \frac{\sqrt{46}}{2}$$

> 分母の有理化

よって、

$$AH = \frac{\sqrt{46}}{2}$$

答え： $\boxed{オ} = 4$ $\boxed{カ} = 6$ $\boxed{キ} = 2$

(3)の解答

　三角錐の体積は、「$\frac{1}{3} \times$ **底面積** $\times$ **高さ**」で与えられ、四面体ABCDは三角錐なので、求める体積をVとすると

$$V = \frac{1}{3} \times \triangle DBC \times AH \quad \cdots ②$$

です。△DBCは底辺がBC、高さDMの二等辺三角形なので（1）で求めたDMの値等を代入して

$$\triangle DBC = \frac{1}{2} \times BC \times DM = \frac{1}{2} \times 4 \times 4\sqrt{2} = 8\sqrt{2}$$

AHは（2）より

$$AH = \frac{\sqrt{46}}{2}$$

これらを②に代入します。

$$V = \frac{1}{3} \times \triangle DBC \times AH$$

$$= \frac{1}{3} \times 8\sqrt{2} \times \frac{\sqrt{46}}{2}$$

$$= \frac{4\sqrt{92}}{3}$$

$$92 = 4 \times 23$$

$$= \frac{4 \times \sqrt{4 \times 23}}{3}$$

$$2 = \sqrt{4}$$

$$= \frac{8\sqrt{23}}{3}$$

よって

$$四面体ABCDの体積 = \frac{8\sqrt{23}}{3}$$

答え：　　　　ク ＝ 8　　　ケ ＝ 2　　　コ ＝ 3　　　サ ＝ 3

☞ (4)を解くためのアプローチ

　AF：FHを求めよという比の問題ですから、関連する相似な図形が見つかれば解決しそうです。

　点Dから△ABCに下ろした垂線の足である点EがAM上にあることから、（3）に引き続き△AMDを考えることにします。

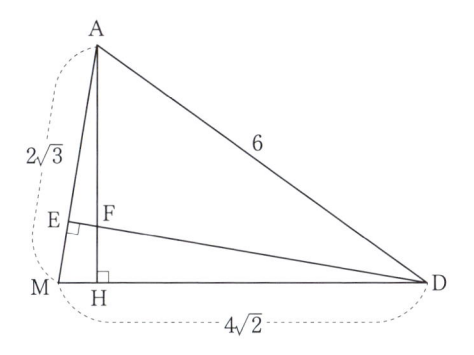

　△AMDにおいて、△AMHと△AFEが相似であることを見つけるのはそう難しくありません。△AMH∽△AFEより、AM：AH＝AF：AEなので**AEの長ささえわかれば、あとは計算できます。**

　AEの長さは、△AEDに三平方の定理を使えば求まりますが、そのためにはDEの長さが必要です。ではDEの長さはどうすれば求まるでしょうか？

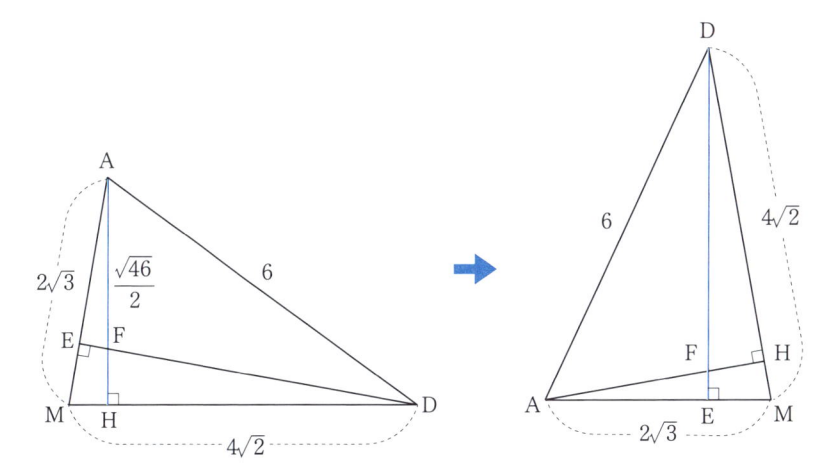

　△AMDの面積に注目し、**AMを底辺にすれば、DEは高さになる**ことから

$$\triangle AMD = DM \times AH \times \frac{1}{2} = AM \times DE \times \frac{1}{2}$$

が成立することを見抜ければしめたものです。

(4) の解答

△AMDの面積に注目すると（2）の結果も使って

$$DM \times AH \times \frac{1}{2} = AM \times DE \times \frac{1}{2} \Rightarrow 4\sqrt{2} \times \frac{\sqrt{46}}{2} \times \frac{1}{2} = 2\sqrt{3} \times DE \times \frac{1}{2}$$

$$\Rightarrow DE = \frac{4\sqrt{2} \times \sqrt{46}}{4\sqrt{3}} = \frac{\sqrt{92}}{\sqrt{3}} = \frac{2\sqrt{23}}{\sqrt{3}}$$

△DAEに三平方の定理を用いると、

$$AE^2 + DE^2 = AD^2 \Rightarrow AE^2 + \left(\frac{2\sqrt{23}}{\sqrt{3}}\right)^2 = 6^2$$

$$\Rightarrow AE^2 + \frac{92}{3} = 36$$

$$\Rightarrow AE^2 = 36 - \frac{92}{3} = \frac{16}{3}$$

$$\Rightarrow AE = \sqrt{\frac{16}{3}} = \frac{4}{\sqrt{3}}$$

△AMHと△AFEは、∠MAH＝∠FAE（共通）かつ∠MHA＝∠FEA（直角）で、**2つの角が等しいので、三角形の相似条件**より△AMH∽△AFEです。

よって

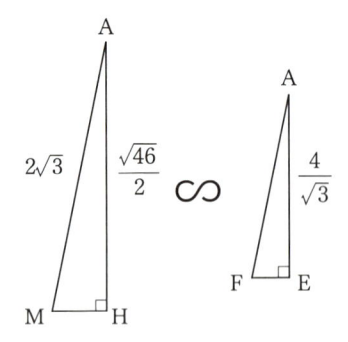

$$\mathrm{AM:AH=AF:AE} \Rightarrow 2\sqrt{3}:\frac{\sqrt{46}}{2}=\mathrm{AF}:\frac{4}{\sqrt{3}}$$

内項の積＝外項の積

$$\Rightarrow \frac{\sqrt{46}}{2}\times\mathrm{AF}=2\sqrt{3}\times\frac{4}{\sqrt{3}}$$

$$\Rightarrow \mathrm{AF}=\frac{16}{\sqrt{46}}$$

$$\Rightarrow \mathrm{AF:AH}=\frac{16}{\sqrt{46}}:\frac{\sqrt{46}}{2}$$

$$=16\times2:\sqrt{46}\times\sqrt{46}$$

$$=32:46$$

$$=16:23$$

$$\Rightarrow \mathrm{AF:FH=AF:(AH-AF)}=16:(23-16)=16:7$$

答え：　　　　　　ジ $=1$　　　ス $=6$　　　セ $=7$

永野の目

NAGANO'S EYE

　本問は何と言っても、（4）がポイントです。（1）〜（3）はごく標準的な問題なので、（4）を解けるかどうかで大きく差がつくことでしょう。

　その（4）を解く際にキーになるのは△AMDについて**底辺をMDからAMに切り替える**という「別の視点」を持つことができるかどうかです。第1章で紹介した「**逆の視点**」（44頁）が持てるようになったら、今度は横のものを縦にするような視点の切り替えを意識するようにしてみてください。それは言わば「**立場**」を**変えてものごとを見る**訓練になります。

　「経営の神様」松下幸之助氏は「**事業の原点は、どうしたら売れるかではなく、どうしたら喜んで買ってもらえるかである**」という言葉を遺していますが、これも「売る立場→買う立場」と見る立場を変えることで発想を転換している好例です。

　立場を変えることで見事に解決する問題をもう一題紹介しましょう。こんな問題です。

　「**100チームがトーナメント方式で優勝を争うとき、優勝校が決まるまでに何試合必要か？（ただし、引き分け再試合は考えないことにする）**」

　この問題を優勝するチームに注目して考えようとするとなかなか手ごわいですが、立場を変えて、**負けるチームに注目**すれば、

　「100チーム中1チームが勝ち残るということは、99チームは負けるということだから…99試合！」

　とたちどころに答えを導くことができます。

《三平方の定理について》

　以下の三平方の定理（ピタゴラスの定理）の証明には100通り以上の方法があると言われています[13]。

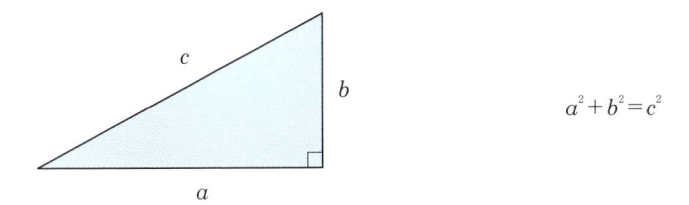

$$a^2 + b^2 = c^2$$

　ここでは「ピタゴラス式」と呼ばれるものを簡単に紹介します。下の図で、面積について

外側の大きな正方形＝内側の小さな正方形＋直角三角形×4

であることに注目します。

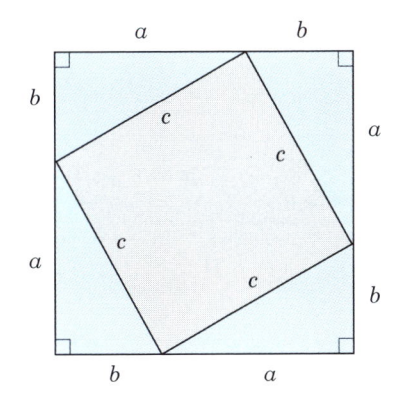

$$(a+b)^2 = c^2 + \frac{1}{2}ab \times 4$$

$$\Downarrow$$

$$a^2 + 2ab + b^2 = c^2 + 2ab$$

$$\Downarrow$$

$$a^2 + b^2 = c^2$$

（証明終）

---

[13]　海外のサイトですが、Pythagorean Theorem and its many proofs（http://www.cut-the-knot.org/pythagoras/index.shtml）を見ると、120通りの証明が載っています（2017年12月現在）。

数への興味が活きる問題

灘高等学校 2014年度　▶難易度: 易 **並** 難　▶目標解答時間: **15** 分

問　△ABCがAB＝AC、BC＝1、∠BAC＝36°の二等辺三角形であるとき、AB＝[　　]である。このことより、半径1の円に内接する正20角形の面積は[　　]である。

前提となる知識・公式

◎外項の積＝内項の積

$$a : b = c : d \Rightarrow ad = bc$$

外項 / 内項

◎二次方程式の解の公式

$$ax^2 + bx + c = 0 \Rightarrow x = \frac{-b \pm \sqrt{b^2 - 4ac}}{2a}$$

◎乗法公式

$$(a + b)(a - b) = a^2 - b^2$$

 前半の ▢ を解くためのアプローチ

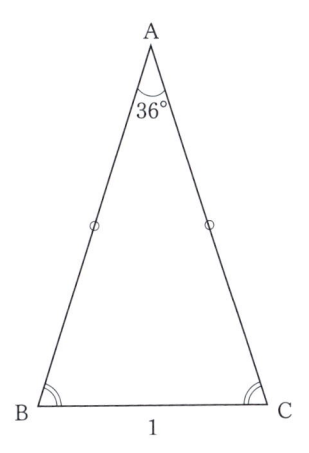

　△ABCは、頂角が36°の二等辺三角形です。この36という数字にはどのような意味があるのでしょうか？

　試しに底角の大きさを計算してみます。

$$\frac{180°-36°}{2}=\frac{144°}{2}=72°$$

より、底角は72°ですね。

　ここで、底角がちょうど頂角の倍（72＝36×2）になっていることに気づければ、道が開けてきそうです。

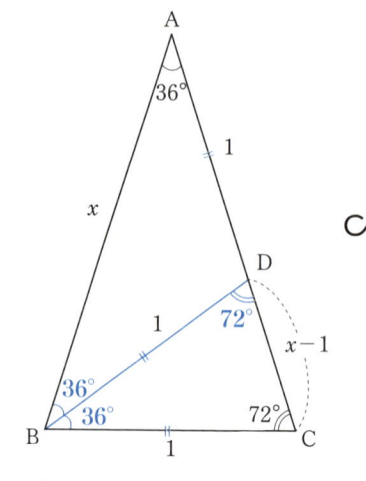 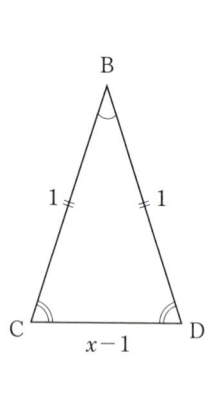

△ABCは二等辺三角形なので

$$\angle \text{ABC} = \frac{180° - 36°}{2} = \frac{144°}{2} = 72°$$

です。そこで∠ABCの二等分線を引いてみると、△BCDも△DABも二等辺三角形になるので、

$$\text{BC} = \text{BD} = \text{AD} = 1 \quad \cdots ①$$

です。また、AB＝xとすると、①も用いて

$$\text{CD} = \text{AC} - \text{AD} = \text{AB} - \text{AD} = x - 1$$

△ABC∽△BCDなので、

$$\text{AB} : \text{BC} = \text{BC} : \text{CD} \Rightarrow x : 1 = 1 : x - 1$$

外項の積＝内項の積より

$$\Rightarrow x(x-1) = 1$$
$$\Rightarrow x^2 - x - 1 = 0$$

二次方程式の解の公式より

$$x = \frac{-(-1) \pm \sqrt{(-1)^2 - 4 \cdot 1 \cdot (-1)}}{2 \cdot 1} = \frac{1 \pm \sqrt{5}}{2}$$

$x > 1$ より[*14]

$$x = \frac{1 + \sqrt{5}}{2}$$

よって、

$$AB = \frac{1 + \sqrt{5}}{2}$$

答え： $\dfrac{1 + \sqrt{5}}{2}$

☞ 後半の 　　　 を解くためのアプローチ

正二十角形

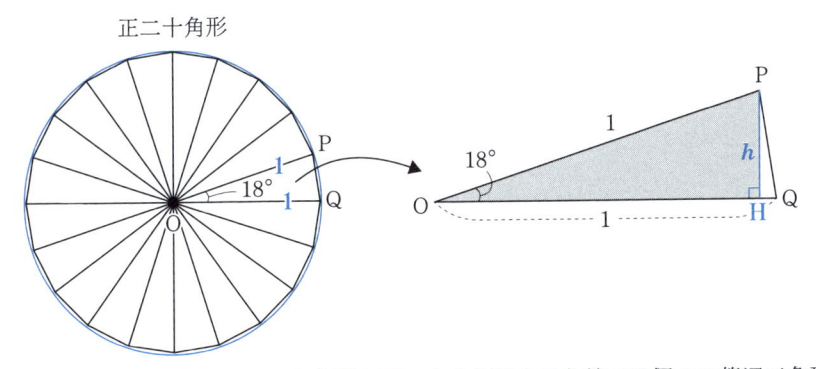

半径1の円に内接する正二十角形を円の中心を通る対角線で20個の二等辺三角形に分け、そのうちの一つを△OPQとします。△OPQは

$$\frac{360°}{20} = 18°$$

より、頂角が18°の二等辺三角形です。

△OPQのPからOQに引いた垂線の足をHとし、PH＝hとしましょう。hの大きささえわかれば、△OPQの面積が求まり、△OPQの面積を20倍すれば、正二十角形の面積が求まります。

[*14] 図よりx（ABの長さ）が1より大きいことは明らか。

ではどうしたらhが求まるでしょうか？　前半の問題の結果を利用することを考える中で、△ABCの中に△OPHと相似な直角三角形を見つけることができれば、解決しそうです。

後半の[　　　]の解答

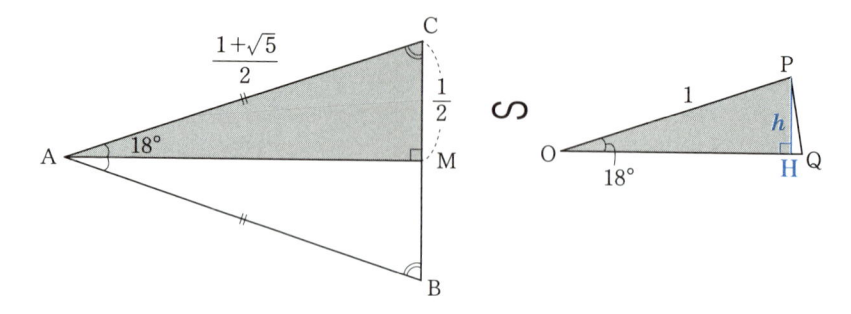

半径1の円に内接する正二十角形を円の中心を通る対角線で20個の二等辺三角形に分けたうちの一つを△OPQとし、PからOQに引いた垂線の足をHとします。

前半に登場した△ABCのBCの中点をMとすると△ACMと△OPHは相似です。

PH＝hとすると

$$AC : OP = CM : PH \Rightarrow \frac{1+\sqrt{5}}{2} : 1 = \frac{1}{2} : h$$

外項の積＝内項の積より

$$\Rightarrow \frac{1+\sqrt{5}}{2} \times h = 1 \times \frac{1}{2}$$

$$\Rightarrow h = \frac{1}{2} \div \frac{1+\sqrt{5}}{2} = \frac{1}{2} \times \frac{2}{1+\sqrt{5}} = \frac{1}{1+\sqrt{5}}$$

これより

$$\triangle OPQ = OQ \times h \times \frac{1}{2} = 1 \times \frac{1}{1+\sqrt{5}} \times \frac{1}{2} = \frac{1}{2(\sqrt{5}+1)}$$

求める正二十角形の面積は△OPQの20倍なので

$$\frac{1}{2(\sqrt{5}+1)} \times 20 = \frac{10}{\sqrt{5}+1}$$

$$= \frac{10}{\sqrt{5}+1} \times \frac{\sqrt{5}-1}{\sqrt{5}-1}$$

分母の有理化
$$\frac{c}{\sqrt{a}+b} = \frac{c}{\sqrt{a}+b} \times \frac{\sqrt{a}-b}{\sqrt{a}-b}$$

$$= \frac{10(\sqrt{5}-1)}{\sqrt{5}^2-1^2}$$

$$= \frac{10(\sqrt{5}-1)}{4}$$

$$= \frac{5(\sqrt{5}-1)}{2}$$

答え： $\dfrac{5(\sqrt{5}-1)}{2}$

永野の目

前半で∠ABCの二等分線を引くことを、突拍子のないアイディアに感じる人がいるかもしれませんね。でも、「36」という数字は、

$$180° \div 5 = 36°$$

なので、△ABCの頂角36°は**三角形の内角の和を5等分したときの角度**になっています。このことに気づければ、∠ABCの二等分線を引くことによって、△ABCと相似な三角形が生まれることは見抜けるはずです。他にも

$$180° \div 10 = 18°、\quad 180° \div 9 = 20°、\quad 180° \div 6 = 30°$$
$$180° \div 4 = 45°、\quad 180° \div 3 = 60°、\quad 180° \div 2 = 90°$$

など、180°を簡単な整数で割ったときに出てくる角度を問題文に発見したときは、注目するようにしましょう。

世の中には数字に弱い人と強い人がいます。数字に弱い人は、どの数字も均一化された無機質な数の並びにしか見えないようですが、数字に強い人は、一つの数字が持っている個性を発見することができます。

なお、頂角36°の二等辺三角形は正五角形の対角線を結んでできる三角形でもあります。

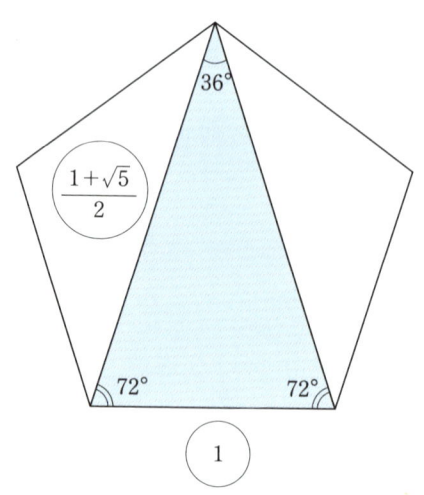

この正五角形の一辺とその対角線の長さの比、すなわち

$$1 : \frac{1+\sqrt{5}}{2} \fallingdotseq 1 : 1.618\cdots$$

はいわゆる**黄金比**です。

　余談ですが、一般的な名刺の縦と横の長さの比も黄金比になっています。また、ミロのヴィーナスやギリシャの世界遺産「パルテノン神殿」をはじめ、様々な芸術作品・建築の中にも黄金比は見つけることができます。黄金比は「最も美しい比」と言われ、「神の比率」と呼ばれることもあります。

　こうした**数そのものへの興味を持ち知識を深めることが、数の個性を発見し、他の数字との有機的な繋がりを見つけられるようになる第一歩**だと私は思います。

　特に中学生の場合は、数字についての以下の知識は活用できるシーンが多いです。

◎**50までの素数**（1と自分自身でしか割り切れない2以上の自然数）

　　2、3、5、7、11、13、17、19、23、29、31、37、41、43、47

◎**1～20と25の平方数**（自然数の2乗になっている数）

　　1、　4、　9、　16、　25、　36、　49、　64、　81、　100
　　121、144、169、196、225、256、289、324、361、400、625

◎**割り切れる数の見つけ方**

　　　2で割り切れる：**末尾の数字が偶数**
　　　3で割り切れる：**各位の数の和が3で割り切れる**
　　　4で割り切れる：**下2ケタが4で割り切れるか、00**
　　　5で割り切れる：**末尾の数字が0か5**
　　　6で割り切れる：**偶数でかつ各位の数の和が3で割り切れる**
　　　8で割り切れる：**下3ケタが8で割り切れるか、000**
　　　9で割り切れる：**各位の数の和が9で割り切れる**
　　10で割り切れる：**末尾が0**

使う武器を決めてかかる問題

灘高等学校 2011年度 ▶難易度: 易 普 **難** ▶目標解答時間: **30**分

問　1辺の長さが1の正十二角形の内部に1辺の長さが1の正三角形16個を右図のように並べた（網掛け部分）。図の5つの頂点をA、B、C、D、Eとする。

（1）2点A、B間の距離を求めよ。

（2）2点C、D間の距離を求めよ。

（3）五角形ABCDEの面積を求めよ。

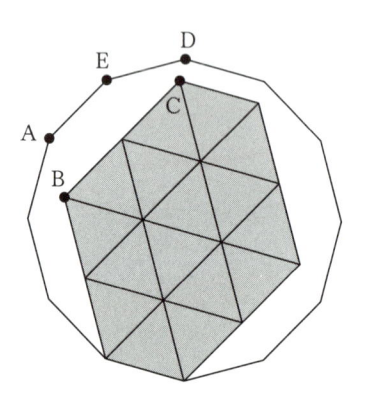

前提となる知識・公式

◎三平方の定理

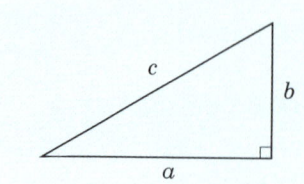

$$a^2 + b^2 = c^2$$

◎有名な直角三角形

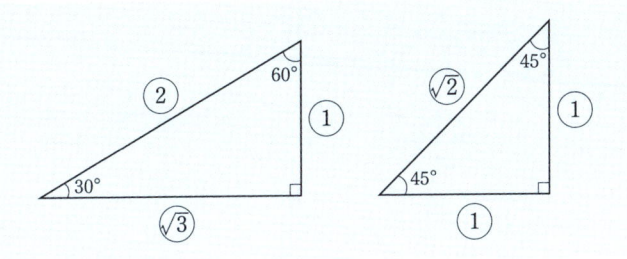

◎乗法公式

$$(a+b)^2 = a^2 + 2ab + b^2$$
$$(a-b)^2 = a^2 - 2ab + b^2$$
$$(a+b)(a-b) = a^2 - b^2$$

◎二重根号[*15]の外し方

$$\sqrt{(a+b)+2\sqrt{ab}} = \sqrt{a+2\sqrt{ab}+b} = \sqrt{(\sqrt{a}+\sqrt{b})^2} = |\sqrt{a}+\sqrt{b}| = \sqrt{a}+\sqrt{b}$$

$$\sqrt{(a+b)-2\sqrt{ab}} = \sqrt{a-2\sqrt{ab}+b} = \sqrt{(\sqrt{a}-\sqrt{b})^2} = |\sqrt{a}-\sqrt{b}|$$

◎平行線における同位角の性質

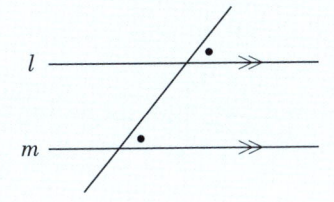

2直線l、mに他の直線が交わるとき、
同位角が等しければ$l // m$。

＊15　$\sqrt{}$ の中に別の$\sqrt{}$ を含むもの。

☞ (1)を解くためのアプローチ

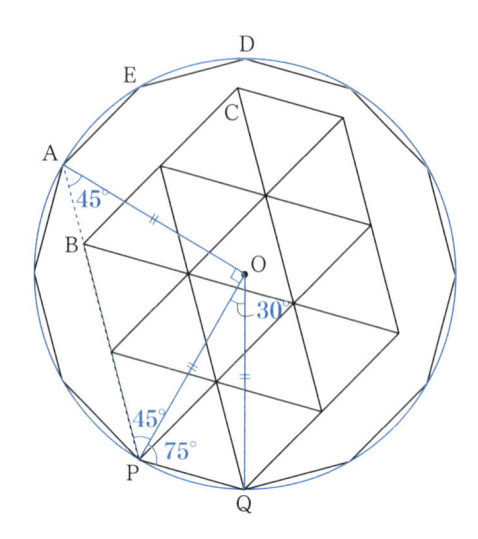

　上の図のように、**3点A、B、Pは一直線上にあるのではないか？**　と考えることが第一歩になると思います。

　本問に限ったことではありませんが、問題文で与えられた図は**できるだけ自分の手で書き直したほうがいい**です。本問のようにやや複雑な図形は書くこと自体が難しいのですが、それでも自分で書けばいろいろと発見があります。その際、正多角形は最初に円を書いてから（フリーハンドで）作図すると比較的美しく書けますし、何より正多角形が持つ様々な性質は外接円を書くことで見やすくなります。

　3点A、B、Pが一直線上にあることがわかれば、有名な直角三角形の各辺の比や三平方の定理を使ってABの長さが求められます。ただし、最後に「二重根号」を外す必要があり、そこはやや面倒です。

(1)の解答

　正十二角形の外接円の中心をOとします。PとQは正十二角形の隣り合う頂点なので

$$\angle POQ = 360° \div 12 = 30°$$

です。すると、△OPQは二等辺三角形なので

$$\angle \mathrm{OPQ} = (180° - 30°) \div 2 = 75° \cdots ①$$

とわかります。

　また、PはAから反時計まわりに数えて３つ目の頂点なので

$$\angle \mathrm{AOP} = 30° \times 3 = 90°$$

です。△OAPは直角二等辺三角形なので

$$\angle \mathrm{OPA} = (180° - 90°) \div 2 = 45° \cdots ②$$

①と②から、

$$\angle \mathrm{QPA} = \angle \mathrm{OPQ} + \angle \mathrm{OPA} = 75° + 45° = 120° \cdots ③$$

一方∠QPBは正三角形の内角２つ分なので

$$\angle \mathrm{QPB} = 60° \times 2 = 120° \cdots ④$$

③、④より**３点A、B、Pは一直線上にある**ことがわかります。

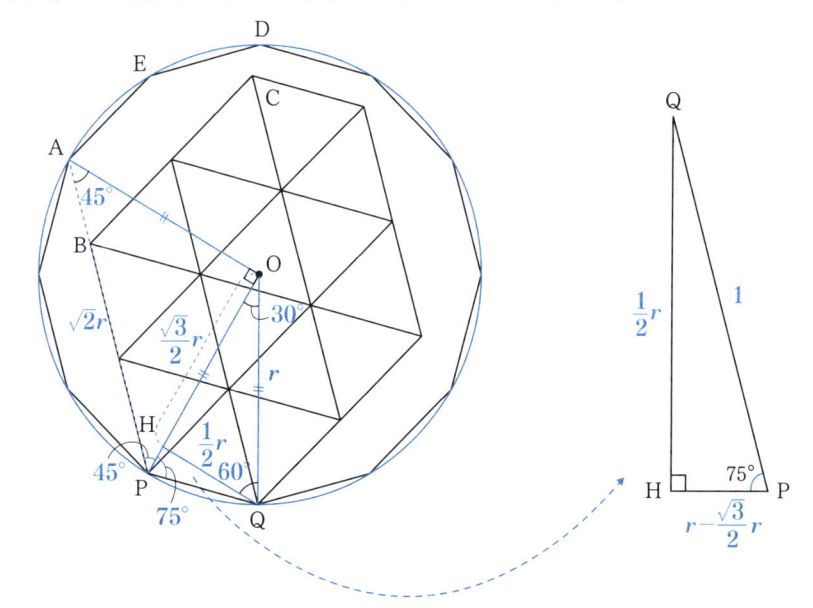

ここで、

$$OA = OP = OQ = r$$

とおきます。

有名な直角三角形の各辺の比を使うと前頁の図のようにそれぞれの辺の長さがrを用いて表せます。△QHPについて、**三平方の定理**より

$$\left(r - \frac{\sqrt{3}}{2}\,r\right)^2 + \left(\frac{1}{2}\,r\right)^2 = 1^2 \qquad \boxed{(a-b)^2 = a^2 - 2ab + b^2}$$

$$\Rightarrow r^2 - \sqrt{3}\,r^2 + \frac{3}{4}r^2 + \frac{1}{4}r^2 = 1$$

$$\Rightarrow (2 - \sqrt{3})r^2 = 1$$

$$\Rightarrow r^2 = \frac{1}{2 - \sqrt{3}}$$

$$= \frac{1}{2 - \sqrt{3}} \times \frac{2 + \sqrt{3}}{2 + \sqrt{3}} \qquad \boxed{(a-b)(a+b) = a^2 - b^2}$$

$$= \frac{2 + \sqrt{3}}{4 - 3} = 2 + \sqrt{3}$$

$r > 0$ より

$$r = \sqrt{2 + \sqrt{3}} \quad \cdots ⑤$$

ここでBPは一辺の長さが1の正三角形の辺2つ分の長さだから2。APは45°、45°、90°の**有名な直角三角形**の斜辺なので、OAの$\sqrt{2}$倍。すなわちAP$= \sqrt{2}\,r$です。⑤を代入して

$$AB = AP - BP$$

$$= \sqrt{2}\,r - 2$$

$$= \sqrt{2} \cdot \sqrt{2 + \sqrt{3}} - 2 \qquad \boxed{\begin{array}{c}\text{二重根号の外し方}\\ \sqrt{(a+b) + 2\sqrt{ab}} = \sqrt{a} + \sqrt{b}\end{array}}$$

$$= \sqrt{4 + 2\sqrt{3}} - 2$$

$$= \sqrt{(1+3) + 2\sqrt{1 \cdot 3}} - 2 = \sqrt{1} + \sqrt{3} - 2 = \sqrt{3} - 1$$

$$\Rightarrow \text{ABの長さは} \cdots \sqrt{3} - 1$$

答え： $\sqrt{3}-1$

 (2)(3)を解くためのアプローチ

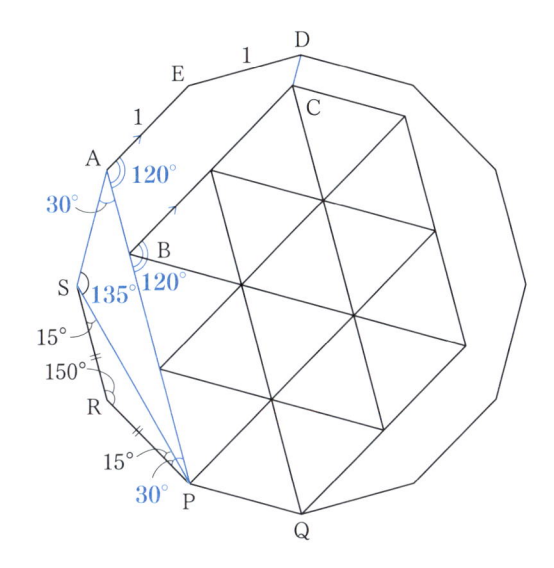

　上の図のように、**AEとBCが平行**になっているのではないか？　と予想できるかどうかが後半の問題のポイントです。AE//BCがわかれば、**有名な直角三角形の各辺の比と三平方の定理**等を使ってCDが求まり、その途中で五角形ABCDEの面積を求めるために必要な値も計算できます。

 (2)の解答

　(1)の①で∠OPQ=75°とわかったので、正十二角形の1つの内角は、75°×2=150°。よって

$$\angle RPQ = \angle SRP = \angle ASR = \angle EAS = 150° \quad \cdots ⑥$$

　一方、∠BPQは正三角形の内角2つ分なので

$$\angle BPQ = 60° \times 2 = 120° \cdots ⑦$$

⑥と⑦から

$$\angle RPB = \angle RPQ - \angle BPQ = 150° - 120° = 30° \quad \cdots ⑧$$

また△RPSは二等辺三角形なので

$$\angle RPS = \angle RSP = (180° - 150°) \div 2 = 15° \quad \cdots ⑨$$

⑧と⑨から

$$\angle SPB = \angle RPB - \angle RPS = 30° - 15° = 15° \quad \cdots ⑩$$

⑥と⑨から

$$\angle ASP = \angle ASR - \angle RSP = 150° - 15° = 135° \quad \cdots ⑪$$

△SPAにおいて、⑩と⑪から

$$\angle SAP = 180° - (\angle SPB + \angle ASP)$$
$$= 180° - (15° + 135°) = 30° \quad \cdots ⑫$$

⑥と⑫より

$$\angle EAB = \angle EAS - \angle SAP = 150° - 30° = 120° \quad \cdots ⑬$$

一方、∠CBPは正三角形の内角2つ分なので

$$\angle CBP = 60° \times 2 = 120° \cdots ⑭$$

⑬、⑭より**同位角が等しいのでAE//BC**

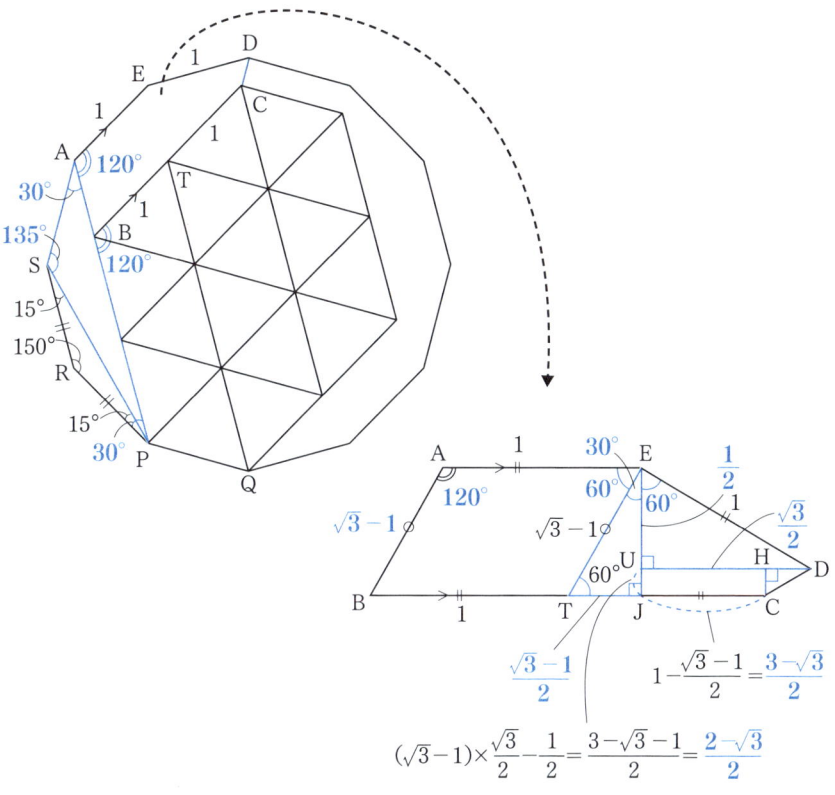

$$(\sqrt{3}-1)\times\frac{\sqrt{3}}{2}-\frac{1}{2}=\frac{3-\sqrt{3}-1}{2}=\frac{2-\sqrt{3}}{2}$$

　上の図のように各点に名前をつけます。AE//BTかつAE＝BTより□ABTEは平行四辺形です。⑬より∠EAB＝120°なので∠AETは60°。よって、EからBCに垂線EJを引くと△ETJは30°、60°、90°の**有名な直角三角形**になります。

　（1）よりAB＝$\sqrt{3}-1$。□ABTEは平行四辺形なので

$$ET=AB=\sqrt{3}-1 \quad \cdots ⑮$$

⑮と**有名な直角三角形の各辺の比**から

$$ET:TJ=2:1 \quad \Rightarrow \quad TJ=\frac{1}{2}ET=\frac{\sqrt{3}-1}{2} \quad \cdots ⑯$$

$$ET:EJ=2:\sqrt{3} \Rightarrow EJ=\frac{\sqrt{3}}{2}ET=\frac{\sqrt{3}(\sqrt{3}-1)}{2}=\frac{3-\sqrt{3}}{2} \quad \cdots ⑰$$

　CTは正三角形の1辺なので、長さは1。よって⑯より

$$CJ = CT - TJ = 1 - \frac{\sqrt{3}-1}{2} = \frac{3-\sqrt{3}}{2} \quad \cdots ⑱$$

また、⑥と同様に∠DEA＝150°なので

$$\angle DEU = \angle DEA - (\angle AET + \angle TEJ) = 150° - (60° + 30°) = 60°$$

よって、△DEUも30°、60°、90°の**有名な直角三角形**です。DEは正十二角形の1辺なので、長さは1。よって再び**有名な直角三角形の各辺の比**から

$$DE : EU = 2 : 1 \Rightarrow EU = \frac{1}{2}DE = \frac{1}{2} \quad \cdots ⑲$$

$$DE : DU = 2 : \sqrt{3} \Rightarrow DU = \frac{\sqrt{3}}{2}DE = \frac{\sqrt{3}}{2} \quad \cdots ⑳$$

⑰と⑲から

$$CH = JU = EJ - EU = \frac{3-\sqrt{3}}{2} - \frac{1}{2} = \frac{2-\sqrt{3}}{2} = 1 - \frac{\sqrt{3}}{2} \quad \cdots ㉑$$

⑱と⑳から

$$DH = DU - HU = DU - CJ = \frac{\sqrt{3}}{2} - \frac{3-\sqrt{3}}{2} = \frac{2\sqrt{3}-3}{2} = \sqrt{3} - \frac{3}{2} \quad \cdots ㉒$$

△CDHについて三平方の定理を使います。

㉑と㉒から

$$CD^2 = CH^2 + DH^2 = \left(1 - \frac{\sqrt{3}}{2}\right)^2 + \left(\sqrt{3} - \frac{3}{2}\right)^2$$

$$(a-b)^2 = a^2 - 2ab + b^2$$

$$= 1 - \sqrt{3} + \frac{3}{4} + 3 - 3\sqrt{3} + \frac{9}{4} = 7 - 4\sqrt{3}$$

CD＞0より

$$CD = \sqrt{7 - 4\sqrt{3}} = \sqrt{7 - 2\sqrt{12}}$$

二重根号の外し方
$$\sqrt{(a+b) - 2\sqrt{ab}} = |\sqrt{a} - \sqrt{b}|$$

$$= \sqrt{(3+4) - 2\sqrt{3 \cdot 4}} = |\sqrt{3} - \sqrt{4}| = \sqrt{4} - \sqrt{3} = 2 - \sqrt{3}$$

$$\Rightarrow CDの長さは\cdots 2 - \sqrt{3}$$

答え：　　　　　　　　$2 - \sqrt{3}$

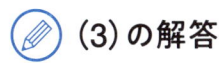 **(3) の解答**

五角形ABCDEを以下のように3つの図形に分けます。

$$五角形ABCDE = 台形ABJE + 三角形DEU + 台形DUJC \quad \cdots ㉓$$

⑯と⑰より

$$台形ABJE = (AE + BJ) \times EJ \times \frac{1}{2} = \{AE + (BT + TJ)\} \times EJ \times \frac{1}{2}$$

$$= \left\{ 1 + \left(1 + \frac{\sqrt{3} - 1}{2} \right) \right\} \times \frac{3 - \sqrt{3}}{2} \times \frac{1}{2}$$

$$= \frac{3 + \sqrt{3}}{2} \times \frac{3 - \sqrt{3}}{2} \times \frac{1}{2} = \frac{3^2 - \sqrt{3}^2}{8} = \frac{6}{8} = \frac{3}{4} \quad \cdots ㉔$$

⑲、⑳より

$$三角形DEU = EU \times DU \times \frac{1}{2} = \frac{1}{2} \times \frac{\sqrt{3}}{2} \times \frac{1}{2} = \frac{\sqrt{3}}{8} \quad \cdots ㉕$$

⑱、⑳、㉑より

$$台形DUJC = (DU + CJ) \times CH \times \frac{1}{2}$$

$$= \left(\frac{\sqrt{3}}{2} + \frac{3 - \sqrt{3}}{2} \right) \times \left(1 - \frac{\sqrt{3}}{2} \right) \times \frac{1}{2} = \frac{3}{2} \times \left(1 - \frac{\sqrt{3}}{2} \right) \times \frac{1}{2} = \frac{3}{4} - \frac{3\sqrt{3}}{8} \quad \cdots ㉖$$

㉔、㉕、㉖を㉓に代入します。

$$五角形ABCDE = \frac{3}{4} + \frac{\sqrt{3}}{8} + \left(\frac{3}{4} - \frac{3\sqrt{3}}{8} \right) = \frac{6}{4} - \frac{2\sqrt{3}}{8} = \frac{3}{2} - \frac{\sqrt{3}}{4}$$

$$\Rightarrow 五角形ABCDEの面積は \cdots \frac{3}{2} - \frac{\sqrt{3}}{4}$$

答え： $\dfrac{3}{2} - \dfrac{\sqrt{3}}{4}$

永野の目

　灘高の問題は独創的なものが多いですが、この問題も非常に個性的です。類題を解いたことがある受験生はほとんどいなかっただろうと思います。

　一般に、代数的な問題（方程式や関数の問題）に比べて幾何的な問題（図形の問題）は、解きづらいことが多いです。代数はそこそこ得意だけれど幾何は苦手という人は珍しくありません。理由は単純で幾何の問題のほうが「見たことのない問題」を作りやすいからです。代数よりも幾何のほうが問題を解くための方法論が確立されていないのです。

　ではどうしたら目新しい幾何の問題が解けるようになるのでしょうか？　それは「使う武器をあらかじめ決めつける」ことにあると私は思っています。図形のバリエーションは無数にありますが、私たちの図形の知識（問題を解くのに使えること）はごくわずかです。

　実際、本問でも「この３点は一直線上にあるのではないか？」とか、「この２本の線分は平行になっているのではないか？」と勝手に予想して問題を解いていきましたね？　もちろん最初に決めてかかってしまっては、まるっきり見当違いであることもあるでしょう。でも、そもそも図形について使える武器はそうたくさんはないのですから、やり直す回数もたかが知れています。

　たとえば、次のような問題があるとします。

問 2枚の合同な長方形を重ねたときにできる下の図の四角形ABCDがひし形であることを証明しなさい。

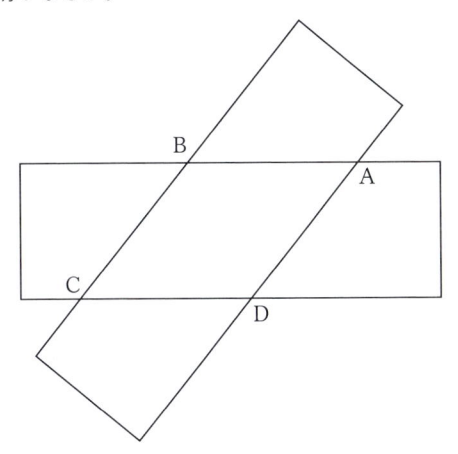

ひし形というのは、4つの辺の長さが等しい四角形のことですから、

$$AB = BC = CD = DA$$

を示すのが目標です。ただし2枚の長方形を重ねていますので、四角形ABCDが平行四辺形であることは明らかです。平行四辺形の対辺（向かい合った辺）は同じ長さなので

$$AB = CD、BC = DA$$

であることはすぐにわかります。よってポイントは「AB＝BC」をいかにして示すかです。

2本の隣り合う線分が等しいことを示す方法には大きく分けて次の2つがあります。
（ⅰ）二等辺三角形の等しい2辺になっていることを見つける。
（ⅱ）合同な三角形の対応する辺になっていることを見つける。
ここに来てどちらの方針でいくかを迷うくらいなら、**方針はどうせ2つしかありません**からまずは（ⅰ）を試してみればいいのです。

（ⅰ）の方針の場合

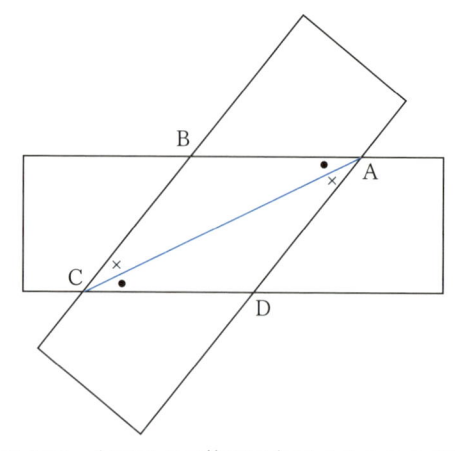

　対角線ACを引いてみて、△BCAが二等辺三角形であることが言えるかどうか、すなわち2つの底角∠BCAと∠CABが等しいことが言えるかどうかを検討します。でも、平行線と錯角の関係から図の●どうしや×どうしが等しいことはわかるものの、肝心の●と×が等しいことはすぐには示せそうにありません…。**ここで行き詰まるので（ⅰ）の方針は諦めます。**（ⅱ）の方針に移りましょう。

（ⅱ）の方針の場合

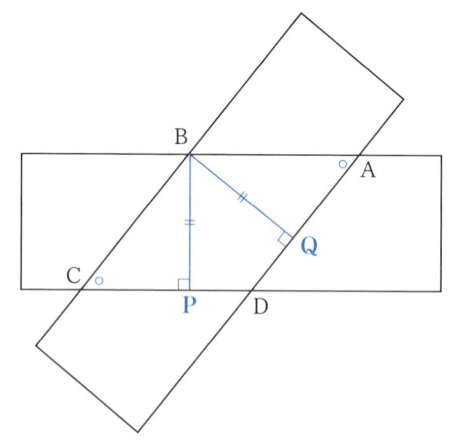

　ABとBCをそれぞれ含む合同な図形を作る必要があるので、BからCDとDAにそれぞれ垂線BPとBQを下ろします…と書くと「いやいや、そんな補助線は思いつかない

よ」と思われるかもしれません。でも、1章（57頁）でお話ししたとおり、「**補助線の基本は既にある直線の平行線か垂線**」でしたね。しかも、Bから2本の垂線を引けば、もともとの2つの長方形が合同であることから、BP＝BQであることも使えます。また四角形ABCDは平行四辺形なので、対角（向かい合う角）は等しく、∠BCP＝∠BAQです。うまくいきそうです。

【解答例】

四角形ABCDは平行四辺形なので

$$AB＝CD \quad \cdots①$$

$$BC＝DA \quad \cdots②$$

また、BからCDとDAに下ろした垂線の足をそれぞれP、Qとする。

△BCPと△BAQにおいて、

$$∠BPC＝∠BQA \quad （直角） \quad \cdots③$$

もともとの2枚の長方形は合同なので

$$BP＝BQ \quad \cdots④$$

四角形ABCDは平行四辺形なので

$$∠BCP＝∠BAQ$$

よって、

$$∠CBP＝180°－（∠BCP＋90°）$$

$$＝180°－（∠BAQ＋90°）$$

$$＝∠ABQ \quad \cdots⑤$$

③、④、⑤より、一辺とその両端の角がそれぞれ等しい。

よって、△BCP≡△BAQ。対応する辺は等しいから

$$BC＝AB \quad \cdots⑥$$

①、②、⑥より

$$AB = BC = CD = DA$$

4つの辺が等しいので、四角形ABCDはひし形である。（証明終）

　もちろん、最初に選んだ方針を諦めるのは簡単なことではありません。私自身も一つの方針に固執してしまい、泥沼にはまってしまったことが何度もあります。でも、2つ目ないしは3つ目の方針で解決したという経験を積めば、最初の方針を諦めることも段々とできるようになってきます。

　いずれにしても、考えられる方針や使えそうな武器にはそう多くのバリエーションがないということを肝に銘じておけば、最初の方針や武器は比較的気軽に選べるようになるのではないでしょうか？

　幾何の問題が苦手な人は是非、使う武器（方針）を最初に決めてかかる練習を積んでみてください。

　なお、本問で何度か使った「二重根号の外し方」は、高校数学（数Ⅰ）の範囲であり、これを使わない解法もないわけではありませんが、それはさらに難易度が上がってしまいます。灘高を受験するレベルの生徒ならば中学生でも既知である可能性が高いので、本書では使わせてもらいました。

すべてのケースを網羅し情報を図解する問題

広中杯トライアル問題 2006年度　▶難易度： 難　▶目標解答時間： **15** 分

　ある会社は6人の社員からなり、社長1名、副社長1名、専務1名および平社員3人からなる。平社員3人の名前は、木田、林田、森田というのだが、ややこしいことに、残りの3人の名前も木田、林田、森田というのである。なので、この会社では、社長、副社長、専務の3名に対しては「殿」をつけ、平社員3名に対しては「さん」をつけることになっている。

　さて、次のことがわかっているとする。

A：木田さんは東京都に住んでいる。
B：副社長は長野県から新幹線で通勤している。
C：林田さんの年収は700万円である。
D：3人の平社員の一人は副社長の近所に住んでおり、年収は副社長のちょうど75％である。
E：森田殿は、先日専務と大げんかをした。
F：副社長と同性の平社員は神奈川県に住んでいる。

社長、副社長の名前を答えよ。
（注：平社員とは、ここでは役職のない社員のことを指す。）

 問題を解くためのアプローチ

　A～Fの6つの条件が複雑です。このままではわかりづらいのでできるだけ**図解する**ことを考えましょう。また名前の候補は3つしかありませんから、**すべての場合を書き出しても大したことはなさそうです。**

解答

条件A、B、D、Fを**図解**するとこうです。

なお、副社長の近所に住んでいる平社員は長野県在住ではないかもしれません（副社長が長野県と山梨県の県境近くに住んでいて、平社員は山梨県在住ということも考えられる）が、そこは本問の本質には関係なさそうなので、副社長の近所に住んでいる平社員は長野県在住ということにしてあります。

この図で、同じアルファベットは同じ姓だと考えてください。

X、Y、Zと木田、林田、森田の名前の対応関係は以下の6通りが考えられます。

	X	Y	Z
①	木田	林田	森田
②	木田	森田	林田
③	林田	木田	森田
④	林田	森田	木田
⑤	森田	木田	林田
⑥	森田	林田	木田

しかし、条件A、B、D、Fの図解から、木田はXでもYでもないことがわかります。

	X	Y	Z
~~①~~	~~木田~~	~~林田~~	~~森田~~
~~②~~	~~木田~~	~~森田~~	~~林田~~
~~③~~	~~林田~~	~~木田~~	~~森田~~
④	林田	森田	木田
~~⑤~~	~~森田~~	~~木田~~	~~林田~~
⑥	森田	林田	木田

また条件C「林田さんの年収は700万円である」と条件Dの後半「（副社長の近所に住む平社員＝Yさんの）年収は副社長のちょうど75％である」から、**Yさんは林田さんではない**ことがわかります。なぜなら、もしYさん＝林田さんであるとすると、副社長の年収がa円のとき、条件Cと条件Dから

$$a \times \frac{75}{100} = 7000000 \Rightarrow a = 7000000 \times \frac{100}{75} = \frac{28000000}{3} = 9333333.333\cdots$$

となり、aが年収を表す数字（整数）であることと矛盾するからです。よって、表の⑥のケースもあり得ません。

	X	Y	Z
①	木田	林田	森田
②	木田	森田	林田
③	林田	木田	森田
④	林田	森田	木田
⑤	森田	木田	林田
⑥	森田	林田	木田

結局残るのは、④のケースだけですね。

次に、社長、副社長、専務とX、Y、Zとの対応関係ですが、Xは副社長であることがわかっているので、次のいずれかのケースを考えれば十分です。

	社長	副社長	専務
（ⅰ）	Y	X	Z
（ⅱ）	Z	X	Y

④のケースを（ⅰ）にあてはめてみましょう。すなわち

（1）社長（Y）：森田、副社長（X）：林田、専務（Z）：木田

のケースです。

このとき、まだ使っていない条件E「森田殿は、先日専務と大げんかした」も問題なく成立します。よって、このケースは解の候補です。

次は④のケースを（ⅱ）にあてはめてみましょう。すなわち

> **（2）社長（Z）：木田、副社長（X）：林田、専務（Y）：森田**

のケースです。

しかし、このケースはあり得ません。なぜなら、条件Eに「森田殿は、先日専務と大げんかした」とあるのに、専務が森田殿であるはずがない（自分と大喧嘩することはできない）からです。

以上より、あり得るのは（1）のケースだけなので、

> 社長…森田、副社長…林田

とわかります。

答え：　　　　　　　　社長＝森田　　　副社長＝林田

NAGANO'S EYE

永野の目

　算数オリンピックが小学生向けであるのに対して、広中杯は中学生向けの数学大会です。数学界最高の栄誉であるフィールズ賞受賞者で、算数オリンピック大会会長でもいらっしゃる広中平祐京大名誉教授の名を冠して、2000年に創設されました。

　この問題のように、問題設定が複雑で一読では状況がつかみきれないとき、**情報を的確に整理することは、問題解決の第一歩です**。そして、情報を整理するときに是非活用していただきたいのが図解です。図解が苦手、という人もいらっしゃると思いますが、コツは

> **（1）文章はできるだけ使わない**
> **（2）情報どうしの対応を示す**
> **（3）すべてを盛り込もうとしない**
> **（4）表を利用する**

などを意識することです。

　（1）について。そもそも文章ではわかりづらい情報をわかりやすくするために図解するわけですから、図解の中に文章が多くなると本末転倒です。

　（2）について。図解では文章をできるだけ削るので、図や単語を書く位置を工夫して、その位置で情報のレベルや対応が整理できるようにします。

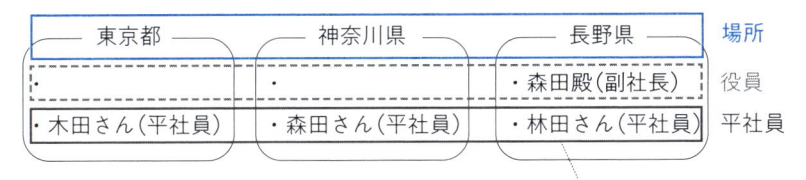

東京都	神奈川県	長野県	場所
・	・	・森田殿（副社長）	役員
・木田さん（平社員）	・森田さん（平社員）	・林田さん（平社員）	平社員

年収が森田殿のちょうど75％

　本問で使った図解でも、居住している場所、役員（社長、副社長、専務）、平社員を書く場所をそれぞれ横並びで揃えています。こうすることで情報どうしの対応がわかりやすくなります。

　（3）について。問題を解くのに関係のなさそうな情報や図解しづらい情報は思い

切って削ぎ落としましょう。本間でも副社長が新幹線で通勤していることや、林田さんの年収がちょうど700万円であること等は図解に盛り込んでいません。

（4）について。本問でも、「X、Y、Zと木田、林田、森田の名前の対応関係」を考えるために表を使っています。表にすると網羅的に考えられているかどうかをチェックできますし、頭の中を整理するのにも役立ちます。

同じ情報でも、図解はいろいろ考えられます。本問でも是非、自分なりの図解を考えてみてください。

それから、**考え得るすべてのパターンが限られているときは、それらをすべて書き出してみる**と糸口が見つかることは少なくありません。答えを探す範囲を限定することができれば、いつかは必ず答えにたどりつけるという安心感のようなものも得られるでしょう。

さらに、本問では「**仮に○○だとすると矛盾する。だから○○ではない**」といういわゆる背理法[16]も使っています。背理法は、結論の正しさを直接示すことが困難な場合に、大変有効な証明方法です。

本問は、数式はほとんど使いませんが、問題解決能力としての数学力を試す良問だと思います。さすが広中杯＝中学数学オリンピックの問題です。

＊16　　後ほど（133頁）詳しく解説します。

CHAPTER 0-3

高校編

HIGH SCHOOL LEVEL

　私が（勝手に）師と仰ぐ長岡亮介先生はご著書『東大の数学入試問題を楽しむ: 数学のクラシック鑑賞』（日本評論社）の中で次のように書かれています。

「せっかく勉強をするなら『馬が餌を食べるようにただひたすら問題を解く』のではダメだ。一流の料理人が、あるいは愛情溢れる母親が丹精込めて作った美味しい料理を心豊かにいただくことを通じて、身心が成長するように、品格の高い、考えるに値する、すばらしい良問をじっくりと楽しむようにやることを通じて、若者の知力は信じられないほど大きく成長する。エリートにふさわしい誇りと責任と哀しみを理解できるようになる」

　この章に収めた東大や京大といった難関大学の入試問題は、まさに、学ぶ者の知力＝数学的思考力を大きく成長させるような良問ばかりです。是非、味わいつくしてください。

論理の基礎を確認する問題

神戸大学 2010年度　　▶難易度: 　　▶目標解答時間: **10** 分

問　a、bを自然数とする。以下の問に答えよ。

(1) abが3の倍数であるとき、aまたはbは3の倍数であることを示せ。

(2) $a+b$とabがともに3の倍数であるとき、aとbはともに3の倍数であることを示せ。

(3) $a+b$とa^2+b^2がともに3の倍数であるとき、aとbはともに3の倍数であることを示せ。

前提となる知識・公式

◎命題「P ⇒ Q」の真偽とその対偶「$\overline{\text{Q}}$ ⇒ $\overline{\text{P}}$」の真偽は一致する[*1]。

◎a、b、p、qが整数で、特にaとbが互いに素[*2]であるとき、

$$ap = bq ⇒ p は b の倍数かつ q は a の倍数$$

(例) pとqが整数であるとき、$5p=3q$とすると、右辺は3の倍数なので$5p$も3の倍数。しかし3と5は互いに素ですから、5が3の倍数であることはあり得ません。よって、pは3の倍数であることがわかります。qが5の倍数であることも同様に示せます。

☞ (1)を解くためのアプローチ

「abが3の倍数であるとき、aまたはbは3の倍数である」の仮定は「abが3の倍数である」なので普通は

$$ab = 3m \quad (m は整数)$$

[*1]　$\overline{\text{P}}$や$\overline{\text{Q}}$はそれぞれP、Qの否定を表します。対偶について詳しくは「永野の目」で解説します。

[*2]　「互いに素」とは「2と3」や「4と9」のように最大公約数が1（1以外の共通の約数を持たない）という意味です。

のように置いて始めようとするのですが、この数式を変形して「aまたはbは3の倍数である」ことを導くのは面倒な感じがします。そこで、対偶を考えます。

(1) の解答

与えられた命題の対偶すなわち「**aかつbが3の倍数でないとき、abは3の倍数でない**」ことを示します。

aかつbが3の倍数でないので、

$$a = 3m + k, \quad b = 3n + l \quad (m、n は整数、k、l は 1 \text{ or } 2)$$

よって、

$$\begin{aligned} ab &= (3m + k)(3n + l) \\ &= 9mn + 3ml + 3nk + kl \\ &= 3(3mn + ml + nk) + kl \end{aligned}$$

ここで、$3mn + ml + nk$は整数であり、$kl = 1 \text{ or } 2 \text{ or } 4$なので[*3]、$ab$は3の倍数ではありません。以上より**対偶は真**。よって元の命題「**abが3の倍数であるとき、aまたはbは3の倍数である**」も真。 (証明終)

(2) を解くためのアプローチ

今回の仮定は「$a + b$が3の倍数である」と「abが3の倍数である」の2つです。このうち後者は（1）の仮定と同じです。ということは、下の図にあるように「abが3の倍数である」の代わりに（1）で得られた結論「aまたはbが3の倍数である」が仮定として使えるということです。

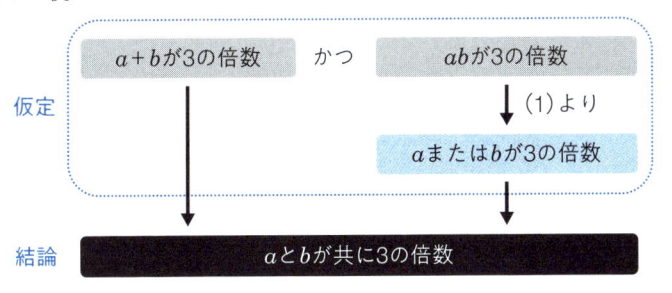

---

*3　k、lは1or2だから。

(2)の解答

（1）よりabが3の倍数であればaまたはbは3の倍数です。よって、aが3の倍数のときとbが3の倍数のときとで場合分けして考えます。

（ⅰ）aが3の倍数のとき、

$$a = 3m \quad （mは整数）\cdots①$$

と置けます。また仮定より、$a + b$も3の倍数なので

$$a + b = 3p \quad （pは整数）\cdots②$$

②に①を代入すると

$$3m + b = 3p \Rightarrow b = 3p - 3m = 3(p - m)$$

$p - m$は整数なのでbは3の倍数。
以上より、aとbは共に3の倍数。

（ⅱ）bが3の倍数のとき、

$$b = 3n \quad （nは整数）\cdots③$$

と置けることから③を②に代入することで（ⅰ）とまったく同様にして、aも3の倍数であることが示せます。
以上より、aとbは共に3の倍数。
（ⅰ）、（ⅱ）からいずれの場合もaとbは共に3の倍数。 （証明終）

 ## (3)を解くためのアプローチ

（3）の仮定は「$a + b$が3の倍数である」と「$a^2 + b^2$が3の倍数である」の2つです。
今度は前者が（2）と同じであり、結論も（2）と同じです。ということは、もし「$a^2 + b^2$が3の倍数」$\Rightarrow$「abが3の倍数」を示すことさえできれば本問は解決します。これも図解しておきましょう。

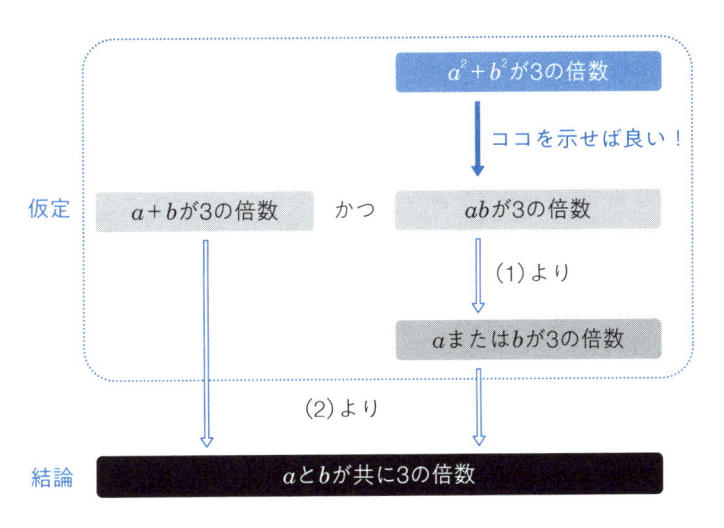

「a^2+b^2 が 3 の倍数」⇒「ab が 3 の倍数」は（1）のように対偶を使っても証明できます（後述）が、ここでは、2 と 3 が互いに素であることを利用してみましょう。

（3）の解答

仮定より、$a+b$ は 3 の倍数なので（2）と同じく

$$a+b=3p \quad (p \text{ は整数}) \cdots ②$$

と置きます。また仮定より、a^2+b^2 も 3 の倍数なので、

$$a^2+b^2=3q \quad (q \text{ は整数}) \cdots ④$$

としましょう。④を変形して

$$a^2+b^2=3q$$
$$\Rightarrow (a+b)^2-2ab=3q$$

$$(a+b)^2=a^2+b^2+2ab$$
$$\Rightarrow a^2+b^2=(a+b)^2-2ab$$

②を代入して

$$\Rightarrow (3p)^2-2ab=3q$$
$$\Rightarrow 2ab=9p^2-3q=3(3p^2-q)$$

ここで$3p^2-q$は整数であり、**2と3は互いに素なので**、abは3の倍数。

以上より、$a+b$とabは共に3の倍数。よって（2）より**aとbは共に3の倍数。**

（証明終）

（3）の別解：対偶を使った証明

「a^2+b^2が3の倍数 $\Rightarrow$ abは3の倍数」の対偶「**abが3の倍数でない $\Rightarrow$ a^2+b^2は3の倍数でない**」を示します。

abが3の倍数でないので

$$ab=3r+k \ （rは整数、kは1\,or\,2）\cdots⑤$$

と置きましょう。

仮定より、$a+b$は3の倍数なので（2）と同じく

$$a+b=3p \ （pは整数）\cdots②$$

です。②の両辺を2乗して

$$(a+b)^2=(3p)^2$$
$$\Rightarrow a^2+2ab+b^2=9p^2$$
$$\Rightarrow a^2+b^2=9p^2-2ab$$

⑤を代入して

$$\Rightarrow a^2+b^2=9p^2-2(3r+k)$$
$$=9p^2-6r-2k$$
$$=3(3p^2-2r)-2k$$

ここで、$3p^2-2r$は整数であり、$2k=2\,or\,4$なので[*4]、a^2+b^2は3の倍数ではありません。以上より対偶は真。よって元の命題「a^2+b^2が3の倍数 $\Rightarrow$ abは3の倍数」も真。

結局、$a+b$とabは共に3の倍数であることがわかるので（2）より**aとbは共に3の倍数。**

（証明終）

[*4]　kは1or2だから。

永野の目

ある命題とその命題の対偶が一致するのは次のような理由です。

たとえば、条件Pを「東京都在住」、条件Qを「日本在住」とすると、もちろん$P \Rightarrow Q$は正しい命題になります。図で書けばこうです。

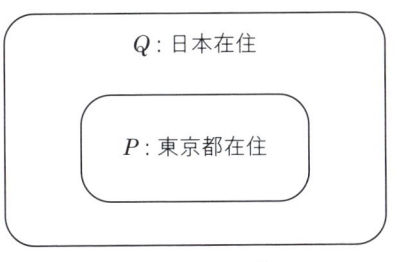

$$P \Rightarrow Q \text{ は真}$$

つまり、一方の条件が他方の条件に含まれるとき、「小 ⇒ 大」は必ず真です。

次に$P \Rightarrow Q$の対偶（⇒の前後をひっくり返し、それぞれを否定した命題）すなわち$\overline{Q} \Rightarrow \overline{P}$を作ってみましょう。$\overline{Q}$は「日本在住でない」であり、$\overline{P}$は「東京都在住でない」ですから対偶は「日本在住でない ⇒ 東京都在住でない」となります。これを図解すると、

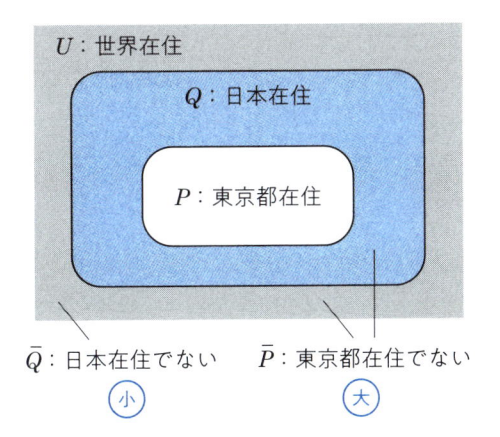

となります。

$\overline{Q} \Rightarrow \overline{P}$ が「小 ⇒ 大」になっていることがわかるでしょう。よって、対偶 $\overline{Q} \Rightarrow \overline{P}$ も真です。

　このように $P \Rightarrow Q$ が真のとき（$P \Rightarrow Q$ が「小 ⇒ 大」になっているとき）$\overline{Q} \Rightarrow \overline{P}$ は「**小 ⇒ 大**」**となり真**になります。

　（３）で「ab が 3 の倍数」⇒「a^2+b^2 が 3 の倍数」を示せばよいと思ってしまう人は少なくありません。しかし **$P \Rightarrow Q$ が真であることを使って、$R \Rightarrow Q$ が真であることを示すには、$R \Rightarrow P$ が真であることを示す必要があります。** そうすれば $R \Rightarrow P \Rightarrow Q$ となり、$R \Rightarrow Q$ が示せるからです。

　「一方の条件が他方の条件に含まれるとき、『小 ⇒ 大』は必ず真」を使ってもう少し説明します。

　今、$P \Rightarrow Q$ が真であることはわかっていて、かつ $P \Rightarrow R$ であることが示せたとします。でも、これでは R と Q の大小関係はわかりません。$R \Rightarrow Q$ が「小 ⇒ 大」になっていない可能性がある以上、$R \Rightarrow Q$ とは言えないのです。

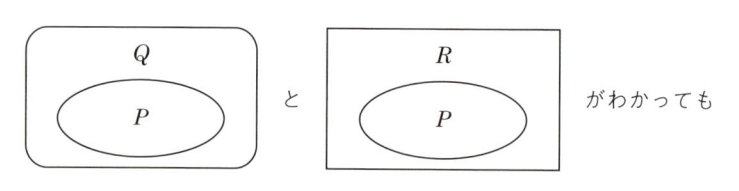

QとRの大小関係はわからない

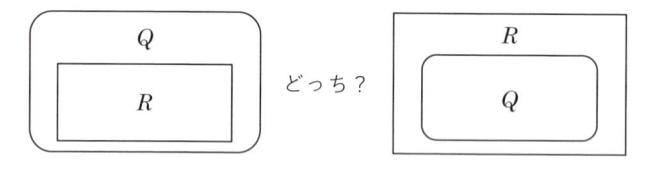

　本問は、決して難しい問題ではありません。でも、実際受験生にこの問題をやってもらうと、正しく証明が書ける生徒はごく稀です。対偶を理解したり、「小 ⇒ 大」は真であることを理解したりすることは論理的思考の基礎であるにもかかわらず、こうしたことを軽視してしまう学生が多いことの現れでしょう。もちろん教師の側にも大きな責任があります。こうした教育現場の現状に警鐘を鳴らす意味においても、論理的思考力の有無を測る問題として本問は良問であると思います。

絶対に存在するとはどういうことかを学ぶ問題

早稲田大学 1996年度　　▶難易度：　　▶目標解答時間：**15**分

 $x-y$平面において、x座標、y座標が共に整数である点（x, y）を格子点という。いま、互いに異なる5個の格子点を任意に選ぶと、その中に次の性質をもつ格子点が少なくとも一対は存在することを示せ。

一対の格子点を結ぶ線分の中点がまた格子点となる。

前提となる知識・公式

◎中点

点Aの座標を（x_a、y_a）、点Bの座標を（x_b、y_b）とするとき、

線分ABの中点の座標は

$$\left(\frac{x_a + x_b}{2} 、 \frac{y_a + y_b}{2} \right)$$

◎鳩ノ巣原理

自然数n、mに対して$n > m$であるとき、n個の物をm個の箱に入れると少なくとも1個の箱には1個より多い物が入る。

例）

- 9個の部屋がある鳩ノ巣に10羽の鳩が飛んで来ると、少なくとも1つの巣には2羽以上の鳩が入る。
- 13人以上集まると同じ誕生月の人がいる。
- サッカーチーム（11人）には背番号の一の位が同じ人がいる。

問題を解くためのアプローチ

まず中点が格子点になる条件を考えます。$A(x_a、y_a)$、$B(x_b、y_b)$ の中点の座標は $\left(\dfrac{x_a+x_b}{2}、\dfrac{y_a+y_b}{2}\right)$ なので、x_a+x_b や y_a+y_b が偶数になれば、中点も格子点ですね。

2数の和が偶数になるためには、偶数＋偶数か奇数＋奇数である必要があります。 x座標もy座標もそうなるペアが確実に存在することを示すために…鳩ノ巣原理が使えないかと考えられれば解決です。

 解答

今、a、b、c、d が整数だとして格子点PとQの座標をそれぞれ$P(a、b)$ と$Q(c、d)$ とします。このとき線分PQの中点Mは次のように書けます。

$$M=\left(\frac{a+c}{2}、\frac{b+d}{2}\right)$$

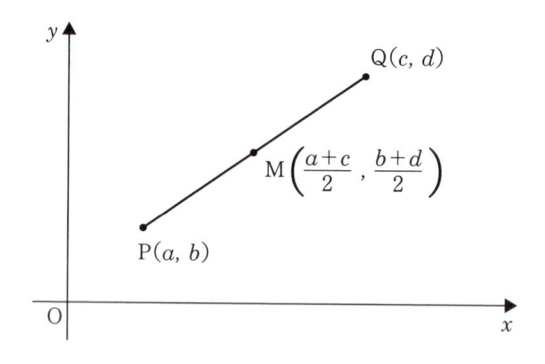

$x-y$平面においてx座標やy座標が偶数か奇数かで場合分けすると、考えられるパターーンは次の4つ。

（偶数、偶数）、（偶数、奇数）、（奇数、偶数）、（奇数、奇数）

そこで、この４つの名前がついた部屋を用意します。

　一方、５個の格子点にA、B、C、D、Eと名前をつけます。すると、部屋は４つしかないので少なくとも１つの部屋には２つの点が入ることになります［下の図はBとEが（偶数、奇数）の部屋に入ったケースです］。

（偶数、偶数）	（偶数、奇数）	（奇数、偶数）	（奇数、奇数）
A	B、E	C	D

　同じ部屋に入った２点についてそれぞれの座標を $(a、b)$ および $(c、d)$ にすれば、「a と c」および「b と d」は共に偶奇が一致[*5]します。

　偶数＋偶数や奇数＋奇数は偶数になるので、2点の中点の座標は

$$\left(\frac{a+c}{2}、\frac{b+d}{2}\right)=\left(\frac{偶数}{2}、\frac{偶数}{2}\right)=（整数、整数）$$

となって格子点になります。

（証明終）

[*5]　「共に偶数」あるいは「共に奇数」のことを「偶奇が一致する」と言います。

永野の目

　鳩ノ巣原理というのは、言われると誰もがごく当たり前のことに感じるでしょう。でもこれは**何か別のことを根拠にして証明できることではないので「原理」です。**基本的に、鳩ノ巣原理は**「個数がその種類を上回っているとき、同じ種類に分類されるものが必ず複数存在する」**ことを保証する原理です。

　存在しないことを示すのと同様に、必ず存在することを示すのも一般には困難です。だからこそ鳩ノ巣原理は幅広く応用されます。

　高校までの数学で、鳩ノ巣原理を単元の項目として学ぶことはありません。しかし鳩ノ巣原理は背理法（133頁）や数学的帰納法（後述151頁）にも匹敵する数学的に非常に重要な論証法です。

　実際、数学オリンピックには鳩ノ巣原理を用いる問題が頻出していますし、本問のように大学入試問題でも鳩ノ巣原理を使えばすんなりと解決する問題は珍しくありません。

　本問は、特に解答が書きづらい問題だと思います。「鳩ノ巣原理」を使えばいいことに気づいたとしても、どう書けばいいか分からなかった方は少なくないでしょう。

　「はじめに」で申し上げたとおり、**自分が行った思考のプロセスを総合し、順序よく説明する力**というのは、**数学的思考力**のひとつです。証明を書くことは、この力を磨くための最も直接的な訓練になります。ただし、証明は必ずしもエレガントである必要はありません。ハッと驚くような斬新な展開であるよりも、**読む人に対する思いやりのある証明**こそが、良い証明であると私は思います。

　「証明が苦手。何を書いたらいいかわからない」という人は、読む人を先生（自分よりわかっている人）とは思わず、自分が教えてあげるつもりで書いてみてください。「あっ、ここは解の公式を使ったことがわからないかもしれないから、『解の公式より』と書いておいてあげよう」というスタンスで、逐一書くのです。そうすれば、しっかりと「行間」が埋まった良い証明（少なくともわかりやすい証明）が書けます。

　頭の中で、自分だけが理解している「正しいこと」は、その価値を十分に全うしているとは言えません。「正しさ」は共有されてこそ意味を持ちます。数学的思考力を社会に役立てるためには、受け手を想像し、受け手に対する思いやりを持つことが必要なのです。

情報を増やす「代入」を繰り返す問題

京都大学 1999年度　▶難易度: ○○○ **難**　▶目標解答時間: **20**分

問　自然数a、b、cについて、等式$a^2 + b^2 = c^2$が成り立ち、かつa、bは互いに素とする。このとき、次のことを証明せよ。
(1) aが奇数ならば、bは偶数であり、したがって、cは奇数である。
(2) aが奇数のとき、$a + c = 2d^2$となる自然数dが存在する。

前提となる知識・公式

◎背理法

　証明したい結論の否定を仮定して、矛盾を導くことで証明とする方法[*6]。

 (1)を解くためのアプローチ

　「aは奇数」とあるので、$a = 2m - 1$のように置いてみるのは常套手段ですが、それだけでは「bは偶数」を示す道筋が見えてきません。ここで「bが奇数だと仮定すると不合理が生じる（矛盾する）ことを示せばいい」と思えれば、すなわち**背理法**を使えばいいと思えればしめたものです。

　なお、不合理を見つける際には、「**整数には偶数と奇数しかない（偶数でも奇数でもない整数は存在しない）**」という事実が使えます。

＊6　詳しくは「永野の目」の中で解説します。

✎ （1）の解答

以下に使用する文字はすべて自然数とします。

a は奇数なので

$$a = 2m - 1 \quad \cdots ①$$

b が奇数であると仮定すると

$$b = 2n - 1 \quad \cdots ②$$

①、②を $a^2 + b^2 = c^2$ に代入します。

$$(2m-1)^2 + (2n-1)^2 = c^2$$
$$\Rightarrow 4m^2 - 4m + 1 + 4n^2 - 4n + 1 = c^2$$
$$\Rightarrow c^2 = 4(m^2 + n^2 - m - n) + 2 \quad \cdots ③$$

$m^2 + n^2 - m - n$ は整数なので、**c^2 は 4 で割ると 2 余る数**です。

一方、**c が偶数のときは、**

$$c = 2l \Rightarrow c^2 = (2l)^2 = 4l^2$$

より（l^2 は整数なので）c^2 は 4 の倍数であり、**c が奇数のときは**

$$c = 2l - 1 \Rightarrow c^2 = (2l-1)^2 = 4l^2 - 4l + 1 = 4(l^2 - l) + 1$$

より（$l^2 - l$ は整数なので）c^2 は 4 で割ると 1 余る数です。

いずれの場合も③と**矛盾**。よって、**b は偶数**。

そこであらためて

$$b = 2n \quad \cdots ④$$

と置いて、①と④を $a^2 + b^2 = c^2$ に代入すると

$$(2m-1)^2 + (2n)^2 = c^2$$
$$\Rightarrow 4m^2 - 4m + 1 + 4n^2 = c^2$$
$$\Rightarrow c^2 = 2(2m^2 - 2m + 2n^2) + 1$$

すなわち c^2 は奇数。

cが偶数のとき、c^2が奇数になることはないので、**cは奇数**。

（証明終）

（2）を解くためのアプローチ

与えられた等式は$a^2+b^2=c^2$なので、この等式と$a+c$を関連づけるために、$c^2-a^2=(c+a)(c-a)$の因数分解を連想できるかどうかが最初の鍵です。もちろん、（1）で得られた事実「aが奇数のときbは偶数でcは奇数」もヒントになっているでしょう。

あとは、問題文にある「**a、bは互いに素とする**」という条件をどのように使えばいいかを考えます…。

（2）の解答

$$a^2+b^2=c^2 \Rightarrow b^2=c^2-a^2$$
$$\Rightarrow b^2=(c+a)(c-a) \quad \cdots ⑤$$

aが奇数のとき（1）よりbは偶数でcは奇数。よって

$$a=2m-1 \cdots ①, \qquad b=2n \cdots ④, \qquad c=2l-1 \cdots ⑥$$

と置けます[*7]。

①、④、⑥を⑤に代入すると

$$(2n)^2=\{(2l-1)+(2m-1)\}\{(2l-1)-(2m-1)\}$$
$$=(2l+2m-2)(2l-2m)$$
$$=2(l+m-1)\cdot 2(l-m)$$
$$=4(l+m-1)(l-m)$$
$$\Rightarrow 4n^2=4(l+m-1)(l-m)$$
$$\Rightarrow n^2=(l+m-1)(l-m) \quad \cdots ⑦$$

*7　①、⑥から$a+c=(2m-1)+(2l-1)=2(l+m-1)$なので$a+c=2d^2 \Leftrightarrow 2(l+m-1)=2d^2$を満たす$d$が存在することを示すためには、$l+m-1=d^2$を満たす$d$が存在することを示せばよいと気づきたいところです。

ここで[8]、$l+m-1$と$l-m$が互いに素でないとすると、$l+m-1$と$l-m$には共通の素因数[9]が存在することになる[10]のでそれをpとします。すなわち

$$l+m-1=p\alpha \quad \cdots\text{⑧}, \quad l-m=p\beta \quad \cdots\text{⑨}$$

です。

⑧、⑨を⑦に代入する[11]と

$$n^2=p^2\alpha\beta \quad \cdots\text{⑩}$$

⑩よりn^2はpの倍数ですが、pは素数なのでnもpの倍数[12]。そうなると、④よりbもpの倍数です[13]。

一方、⑧−⑨を作ると①より

$b=2n$

$$2m-1=p(\alpha-\beta) \Rightarrow a=p(\alpha-\beta) \quad \cdots\text{⑪}$$

$a=2m-1$

⑪よりaもpの倍数。しかし、与えられた条件には「aとbは互いに素とする」とあるのでこれは**矛盾**。よって、$l+m-1$と$l-m$は互いに素です。

ここであらためて⑦を考えます。仮にnがk種類の素数p_1、p_2、$\cdots$、p_kを用いて

$$n=p_1{}^{q_1}\cdot p_2{}^{q_2}\cdots\cdots p_k{}^{q_k}$$

のように素因数分解される数だとすると、

$$n^2=p_1{}^{2q_1}\cdot p_2{}^{2q_2}\cdots\cdots p_k{}^{2q_k}$$

です。これを⑦に代入すると

$$p_1{}^{2q_1}\cdot p_2{}^{2q_2}\cdots\cdots p_k{}^{2q_k}=(l+m-1)(l-m)$$

となりますが、**$l+m-1$と$l-m$は互いに素なので、$l+m-1$と$l-m$は共通の素因数を持ちません。**

言い換えると、$l+m-1$が$p_i(i=1$、2、$\cdots$、$k)$ を因数に持つなら（$l-m$ はp_iを因

---

[8]　たとえば整数x、yについて$6^2=xy$のとき、xとyが互いに素（最大公約数が1）でないならば$x=3$、$y=12$のようにxもyも平方数（ある整数の2乗になっている数）にならないケースが出てきます。一方、xとyが互いに素であれば、$6^2=2^2\cdot 3^2$や$6^2=1^2\cdot 6^2$となり、xとyは必ず平方数です（後半できっちり証明します）。このことは、$l+m-1$と$l-m$が互いに素であることがわかれば、⑦から$l+m-1=d^2$を満たすdが存在すると言えることを意味します。すなわちこの先の目標は$l+m-1$と$l-m$は互いに素であると示すことです（背理法を使いましょう）。

[9]　ある自然数の素因数＝その自然数を割り切る素数。

[10]　たとえば、12と18は最大公約数が6なので互いに素ではありません。6は$6=2\cdot 3$と素因数分解できますから、12と18の共通の素因数には2と3があります。

数に持たないので）、$l+m-1$は$p_i^{2q_i}$を因数に持つということです。これは、**$l+m-1$ と$l-m$がそれぞれ平方数であることを意味します。**

よって、

$$l+m-1=d^2$$

を満たす整数dが存在します。このとき、①と⑥より

$$a+c=2m-1+2l-1=2(l+m-1)=2d^2$$

（証明終）

 ## 補足

pが素数のとき「n^2がpの倍数 $\Rightarrow$ nはpの倍数」の証明

対偶「nがpの倍数でない $\Rightarrow$ n^2がpの倍数でない」を示します。
nがpの倍数でないので

$$n=pq+r \quad (r=1、2、\cdots、p-1)$$

このとき、

$$n^2=(pq+r)^2=p^2q^2+2pqr+r^2=p(pq^2+2qr)+r^2$$

ここで、rは$1 \leqq r \leqq p-1$を満たす整数であり、pは素数なのでr^2がpの倍数になることはあり得ません[14]。よってn^2はpの倍数でないことがわかります。対偶が真なので元の命題「n^2がpの倍数 $\Rightarrow$ nはpの倍数」も真です。

（証明終）

---

* 11　⑧、⑨を⑦に代入すると⑩式が得られることは「見えて」いて、そうすれば、「n^2がpの倍数 $\Rightarrow$ nはpの倍数」が使えそうだという予想が立っているからこそ、⑧と⑨を⑩に代入しよう思えるわけです。

* 12　pが素数のとき「n^2がpの倍数 $\Rightarrow$ nはpの倍数」が真であることは対偶を用いて示すことができます（解答の最後に補足します）。

* 13　$l+m-1$と$l-m$は互いに素であることを示すための背理法が進行中です。ここで「aとbは共にpの倍数である」と示せれば、問題文にある条件「aとbは互いに素とする」と矛盾することになり、背理法が完結します。

* 14　pが素数でかつrが$1 \leqq r \leqq p-1$を満たす整数なら、pとrは互いに素ですから、r^2がpの倍数になることはありません。

永野の目

19世紀最大の数学者の一人であるガウスは「**数論は数学の女王だ**」という有名な言葉を遺しています。数論というのは、1、2、3、…と続くいわゆる自然数（1以上の整数）を研究する数学分野のことです。

ガウスのこの言葉は、数論が扱う問題の多くが最高ランクに難しいだけでなく、その解法の多くが美しいことも示唆していると私は思います。またその理論や手法が独特で、他の分野にはあまり応用されないという孤高を保っていることも数論に「女王」然とした風格を感じさせる一因になっているかもしれません[*15]。

平成24年度入学生から実施されている高校の「新課程」では数Aに「整数の性質」という単元が新設されました。ただ、指導要領に組み込まれるはるか以前から整数に関する本問のような問題は東大、京大をはじめとする難関大学を中心にしばしば出題されてきました。

整数問題にアプローチする独特な手法には様々なものがありますが、特に押さえておきたいのは次の4つです。

> **（i）積の形の式を作る**
> **（ii）極端な例を考える**
> **（iii）「互いに素」の利用**
> **（iv）偶数と奇数の場合分け**

本問の（2）で$c^2-a^2=(c+a)(c-a)$と変形したのは、まさに（i）のアプローチですし、$l+m-1$と$l-m$が互い素であることを利用しようと考えるのも、（整数問題の経験が少ない方には突拍子もないアイディアに思えたかもしれませんが）、典型的な（iii）のアプローチです。

また、本問では（iv）も重要なポイントでした。無限にある自然数を偶数と奇数に場合分けすることは、第2章（65頁）でもお話しした「困難の分割」です。

本問は大学入試における整数の問題としてはかなり難しい部類でしょう。でも決して奇問というわけではありません。数論における典型的かつ独特のアプローチを駆使すれば解答にたどりつけるからです。いわゆる受験数学とは違う、「女王」としての数論の魅力も感じられる良問だと思います。

＊15　現代では、数論の理論が他分野にも応用されるようになってきて「女王もついに出稼ぎに出るようになったか」なんて言われることがあります。

《背理法について》

背理法の手順は次のとおりです。

（ⅰ）証明したい結論を否定する
（ⅱ）矛盾を導く

「背理法」と聞くと、難しそうなイメージを持たれるかもしれませんが、要は「もし、○○だとするとおかしなことになる。だから○○ではない」とする考え方です。

たとえば、刑事ドラマなどでアリバイによって無罪が立証されるのも背理法による証明です。無罪を主張する容疑者（やその弁護士）はまず証明したい結論の否定、すなわち「容疑者は有罪である」と仮定します。すると犯行時刻に他の場所にいたとするアリバイがあることと矛盾します。これによって無罪が立証されます。典型的な背理法だと言えるでしょう。

背理法が威力を発揮するのは直接証明することが難しいケースです。中でも、**不可能であること、存在しないこと、無限であること**などを証明する場合には背理法がよく使われます。

ここでは、例として素数が無限に存在することを、背理法を使って証明してみましょう。

〔素数が無数に存在することの証明〕

素数が有限個であるとする。（←証明したい結論の否定を仮定）

今、素数の個数をn個として、小さい方から順に

$$P_1、P_2、P_3、\cdots\cdots P_n$$

と名前をつける。このときP_nは最大の素数である。

次にこれらのn個の素数を使って

$$Q = P_1 \times P_2 \times P_3 \times \cdots\cdots \times P_n + 1$$

という数をつくる。

すると、QはP_1、P_2、P_3、$\cdots\cdots P_n$のいずれの素数でも割り切ることができない（1余る）。すなわち、Qは1と自分自身でしか割り切ることのできない素数である[16]。

---

[16]　Qが素数でないなら、他の素数で割り切れるはずです。

また上の式から

$$Q > P_n$$

であることは明らか。

これはP_nが最大の素数であることと矛盾する。

　よって、素数は無限に存在する。　　　　　　　　　　　　　　　　　（証明終）

　背理法と対偶を使った証明を混同してしまう人がいるので、図解しておきます。

対偶と背理法の違い

Pである（仮定）⇒ Qである（結論）
の示し方

┌─ 対偶を用いた証明 ─────────┐

　　「Qでない」　⇒　「Pでない」

　　　　　　　　　　　　　を示す

└───────────────────┘

┌─ 背理法を用いた証明 ─────────┐

　「Pである」と「Qでない」を仮定

　　　　　　　⇩

　　　矛盾を導く

└───────────────────┘

　正攻法では道筋がつけられそうにないとき、対偶や背理法の利用を考えるのは、証明問題における基本的なアプローチです。

《代入について》

　本問の解答では何度も「代入」が登場します。

　式の中の文字を数や他の文字や数式に置き換えることを代入と言うことはご存知だと思います。「代入」は数学で文字式を勉強すると出てくる用語です（たいてい中学1年の春に習いますね）。

　数学で文字式を使う理由は「得られたアイディアや解法を一般化したいからだ」という話は以前にも書きました（72頁）。言わずもがなですが、たとえば半径rの円の面

積Sを

$$S=r^2\pi$$

と文字式で表しておけば、この式のrに5や100を代入することで半径が5の円でも半径が100の円でもその面積をすぐに求めることができます。このように文字式の文字に具体的な数字を代入することについては、違和感を持ったり不思議に感じたりする方は少ないと思います。そもそも上の式は小学校で習う

円の面積＝半径×半径×円周率

をアルファベットで表したにすぎません。この公式の「半径」に好きな（正の）数字を入れて面積を求めることには馴染みがあるでしょう。

　しかし、ある数式の中の文字を別の文字式に置き換える「代入」については戸惑う方が少なくありません。

　学生の皆さんが初めて「文字に文字式を代入」することを経験するのは連立方程式を習うときです。

　たとえば、

$$\begin{cases} x+y=3\cdots① \\ x-y=1\cdots② \end{cases}$$

という連立方程式について、以下の2通りの方法を教えると、加減法のほうが圧倒的人気を誇ります。自ら進んで代入法で解こうとする生徒は皆無と言ってもいいかもしれません。

[加減法]

$$\begin{array}{r} x+y=3 \quad\cdots① \\ +)\ \underline{x-y=1} \quad\cdots② \\ 2x\ \ \ \ =4 \end{array}$$

$\Rightarrow x=2$

①より $2+y=3$

$\Rightarrow y=1$

[代入法]

①より、

$y=-x+3$

これを②に代入して

$x-(-x+3)=1$

$\Rightarrow 2x=4$

$\Rightarrow x=2$

①より $2+y=3$

$\Rightarrow y=1$

しかし、数学のみならず物理など自然科学全般において応用範囲が広いのは「代入法」です。加減法が使えるケースは限られますが、代入法は万能と言っても過言ではないと思います。

数式をある文字について解いて、他の式に代入することは、連立方程式や複数変数を含む関数などにおける未知数消去の常套手段です。

しかも代入による効能はこれだけではありません。

たとえば、2つの整数x、yについてxが偶数で、yが奇数のとき、$x+y$は必ず奇数になることを証明する際、次のように文字式を使えば、非常に単純明解に表すことができます。

$$x=2m,\ y=2n+1\ (m、nは整数)$$
$$\Rightarrow x+y=2m+2n+1=2(m+n)+1$$

この証明で$x=2m$、$y=2n+1$を$x+y$に代入することは「xは偶数で、yは奇数」という情報を「$x+y$」という計算（数式）に盛り込むことを意味します。これによって、「$x+y$は奇数である」という新しい事実が得られたわけです。言わば、**代入によって情報を増やし、新しい事実を発見しています。**

本問で代入を繰り返しているのも、まさにこれと同じです。結論に到るプロセスの中で見えてきた新しい情報を次々に盛り込み、さらに情報を増やすことで最終的な事実を発見しようとしています。

文字に文字式を代入するという行為には、未知数を消去するという以外に、情報を増やすという側面があることを忘れないでください。

数学の学び方を示唆してくれる問題

東京大学 2003年度　　▶難易度：並　　▶目標解答時間：**20**分

問　円周率が3.05より大きいことを証明せよ。

前提となる知識・公式

◎無理数の近似値

$$\sqrt{2} = 1.41421356\cdots\text{（一夜一夜に人見ごろ）}$$
$$\sqrt{3} = 1.7320508\cdots\text{（人並みにおごれや）}$$

◎有名な直角三角形

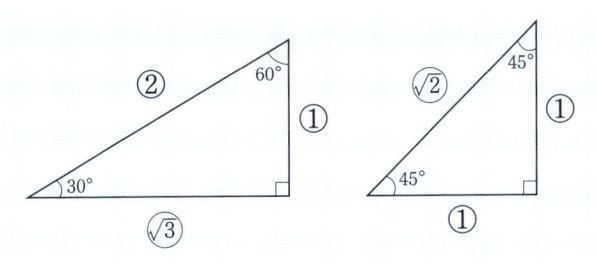

◎二重根号の外し方

$$\sqrt{(a+b) - 2\sqrt{ab}} = \sqrt{a - 2\sqrt{ab} + b} = \sqrt{(\sqrt{a} - \sqrt{b})^2} = |\sqrt{a} - \sqrt{b}|$$

円周率を π とすると、

$$円周＝直径 \times \pi \ \Rightarrow \ \pi＝\frac{円周}{直径}$$

であることからもわかるように、円周率は直径に対する円周の割合（率）です。

半径 1 の円で考えると、円周＝2π なので $3.05 < \pi$ を示すためには、**$6.10 < 2\pi$ が示せればいい**ことがわかります。

すなわち半径 1 の円周が6.10よりは大きいことが示せればいいわけです。

そこで、半径 1 の円周よりは短いことが明らかで、なおかつ周の長さが計算できるものとして、円に内接する正多角形を考えることにします。

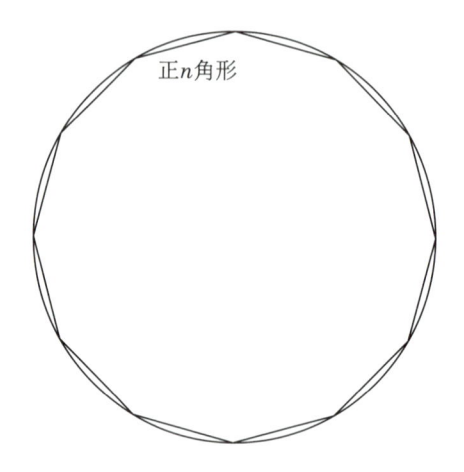

正 n 角形

半径 1 の円に内接する正 n 角形の周の長さを l とすると、

$$l < 2\pi$$

は明らかです。

よって**$6.10 \leqq l$ になるような正 n 角形を見つけることが目標です**。ただ何角形を考えればいいかわからないので、n に具体的な数字を入れてみましょう。

正4角形（$n=4$）の場合

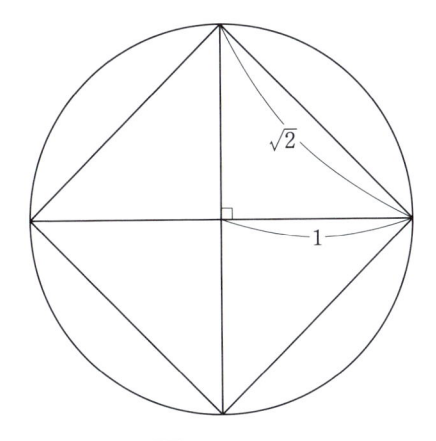

　図より、正四角形の周の長さは、$\sqrt{2}=1.4142\cdots>1.41$ として、

$$l=4\times\sqrt{2}>4\times1.41=5.64$$

です。これでは6.10には足りません。もっと良い精度が必要です。

　次は正6角形（$n=6$）で考えてみましょう。

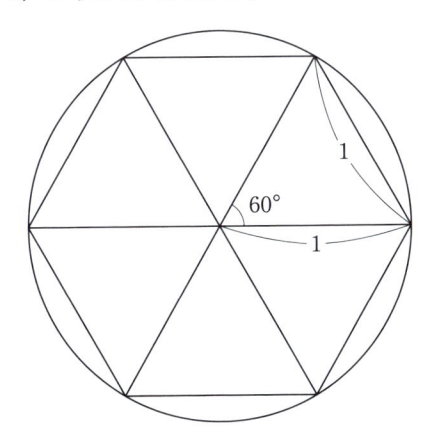

　図より、正6角形の周の長さは

$$l=6\times1=6$$

です。まだ少し6.10には足りません。

もう少しnの値を大きくする必要がありそうです。

今度は正8角形が候補に挙がるわけですが、実は正8角形でもまだ足りません（ぜひ試してみてください）。そこで**正12角形（$n=12$）のとき**を考えていきます。

 **解答**

半径1の円に内接する正12角形の1辺の長さをxとします。

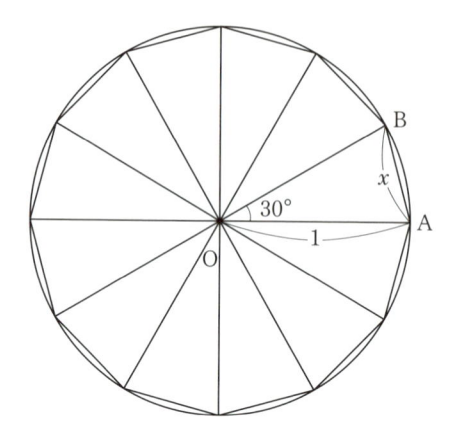

図の$\triangle$OABについて、BからOAに垂線を下ろします。**1つの角度が30°の直角三角形は、各辺の比が$1:2:\sqrt{3}$であること**を使うと、OB $=1$ より

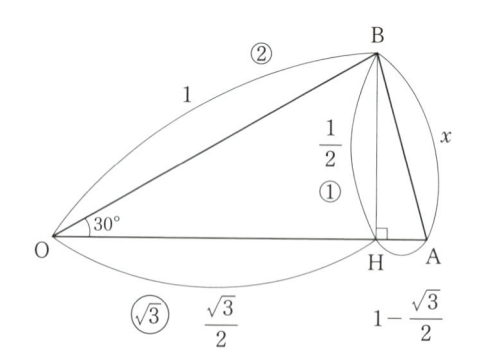

図のように、

$$BH = \frac{1}{2}, \quad OH = \frac{\sqrt{3}}{2}$$

がわかります。また、

$$HA = OA - OH = 1 - \frac{\sqrt{3}}{2}$$

です。△BHAに三平方の定理（85頁）を用います。

$$x^2 = \left(1 - \frac{\sqrt{3}}{2}\right)^2 + \left(\frac{1}{2}\right)^2 = 1 - \sqrt{3} + \frac{3}{4} + \frac{1}{4} = 2 - \sqrt{3}$$

これより、

$$x = \sqrt{2 - \sqrt{3}} = \sqrt{\frac{4 - 2\sqrt{3}}{2}}$$

$$\boxed{\begin{aligned} \sqrt{(a+b) - 2\sqrt{ab}} &= \sqrt{a - 2\sqrt{ab} + b} \\ &= \sqrt{(\sqrt{a} - \sqrt{b})^2} \\ &= \left|\sqrt{a} - \sqrt{b}\right| \end{aligned}}$$

$$= \sqrt{\frac{3 - 2\sqrt{3} + 1}{2}} = \sqrt{\frac{(\sqrt{3} - 1)^2}{2}}$$

$$= \frac{\sqrt{3} - 1}{\sqrt{2}} = \frac{\sqrt{6} - \sqrt{2}}{2} = \frac{\sqrt{2}(\sqrt{3} - 1)}{2}$$

$\sqrt{2} > 1.41$ と $\sqrt{3} > 1.73$ なので

$$x = \frac{\sqrt{2}(\sqrt{3} - 1)}{2} > \frac{1.41 \times (1.73 - 1)}{2} = \frac{1.41 \times 0.73}{2} = 0.51465$$

つまり、$x > 0.51$ です。

　半径 1 の円に内接する正12角形の周の長さを l とすると、

$$l = 12x > 12 \times 0.51 = 6.12 \Rightarrow l > 6.12 \quad \cdots\cdots①$$
$$2\pi > l \quad \cdots\cdots②$$

①、②より

$$2\pi > l > 6.12 \Rightarrow 2\pi > 6.12 > 6.10 \Rightarrow \pi > 3.05$$

（証明終）

NAGANO'S EYE

永野の目

本問が東大の入試で出題されたのは2003年のことでした。非常にシンプルで出題の意味もわかりやすいことから、当時はかなり話題になりました。

この問題に限りませんが、数学の問題というのは（少なくとも入試問題においては）どんなに難しくても基本問題の組合せにすぎません。だからこそ、基礎を徹底して学んでおく必要があるのです。

東大のWebサイトには「高等学校段階までの学習で身につけてほしいこと」というページ[*17]があることをご存知でしょうか？　そこには東大を受験しようとする高校生に向けて各教科で学ぶべきことが端的にまとめられています。それらは非常に示唆に富んでいますので、東大受験生でなくとも、高校生の皆さんには是非目を通してほしいと思います。

数学については次の3つの力を養うべきだと書かれています。

（1）数学的に思考する力
（2）数学的に表現する力
（3）総合的な数学力

ここでは特に（1）について詳しく書かれた部分を引用させてください。

> 「数学的に問題を捉える能力」は、単に定理・公式について多くの知識を持っていることや、それを用いて問題を解く技法に習熟していることとは違います。そこで求められている力は、目の前の問題から見かけ上の枝葉を取り払って数理としての本質を抽出する力、すなわち数学的な読解力です。本学の入学試験においては、高等学校学習指導要領の範囲を超えた数学の知識や技術が要求されることはありません。そのような知識・技術よりも、「数学的に考える」ことに重点が置かれています。

こうしてはっきりと書かれているのにもかかわらず、難問の解法を暗記しようとする人が跡を絶ちません。でも難しい問題であればあるほど、その解法を覚えることは無意味です。なぜなら難しい問題というのは、それだけ独創的であり、類題が出題さ

＊17　http://www.u-tokyo.ac.jp/stu03/e01_01_18_j.html

れる可能性が低いからです。

　数学は、類題が出題されることを期待して勉強するものではありません。 そうではなくて、まったく見たことのない新しい問題を基本問題に分解する術を身につけるべきなのです。ではそのために必要なことは何でしょうか？　それは

> **①教科書に登場する言葉の定義を完璧に頭に入れる**
> **②教科書に登場する定理・公式をすべて証明できるようにする**
> **③教科書の例題・応用例題を完全に解けるようにする**

の３つを徹底することです。

①について

　たとえば、絶対値や平方根の定義を正確に述べることができるでしょうか？　「何となくわかる」という人は少なくないと思いますが、定義が曖昧なようでは問題を解くことはできません。**使う言葉の定義を正確に頭に入れることは、論理的であるための第一歩**です。

②について

　前にも、公式を正しくアウトプットするためには、公式を導けるようにしておく必要があると書きました（73頁）。

　数学の力というのはプロセスを見る力だと言っても過言ではありません。たとえばある図形の角度を求める問題の答が30°であるとして、あてずっぽうで「30°！」と答えられたとしても、そこに数学的な価値はないのです。

　教科書には、長い歴史の中で人類が培ってきた数学のエッセンスがぎゅっと凝縮して書かれています。各時代の、最も天才たちの偉業が記されています。ただしその本質は結果にはありません。数学の本質はいつも「プロセス」にあります。偉人たちが人類の宝とも言える至高の定理・公式にたどり着いたその道筋にこそ、数学的な発想の極意があるのです。

③について

　教科書に載っている例題こそが、応用問題を解きほぐしたときに出現する基本問題です。ただし、問題が難しくなればなるほど、それぞれの基本問題は見えづらくなります。たとえて言うと「田中さん」という基本問題が隠れている場合、難しい問題で

は田中さんの顔なんて見えません。田中さんの耳たぶとか、田中さんのうなじがチラッと見えるだけです。そのときに「あ！　あそこに田中さんが隠れている！」と気づくためには、田中さんのことを熟知していなくてはなりません。だからこそ、教科書に載っている問題はやりこんでおく必要があるのです。ひとつの目安はどの問題もそれがわからない人に一から説明できるかどうかです。**自分の言葉でやさしく説明ができるものは大丈夫と思っていいでしょう。**

　気をつけなければいけないことは、初歩と基礎を履き違えないようにすることです。初歩は文字どおり、最初の一歩ですからごくごく簡単な内容を指します。これはすぐにものにすることができるでしょう。でも、基礎を身につけるのは容易なことではありません。

　野球で言えば、キャッチボール。楽器で言えば「スケール（音階）」。こういった基礎を理想どおりに行うことは決してやさしくありませんね。数学も同じです。だからこそ、**教科書を傍らに置いて基礎の徹底に取り組んでいただきたいのです。**

　私の見るところ、基礎ができていないのに難しい問題に手を出し、なぜそのように発想できるかの見当もつかずにただただエレガントな解法を暗記することに終始している人が多すぎます。

　本当の意味での基礎が身につきさえすれば、どんな難問を前にしても怯むことがなくなります。また、解けなかった問題の解答を目にしたときも、その発想の尊さを理解することができるでしょう。

順次増やすだけでなく
順次減らすことも使う問題

大阪府立大学 2013年度　　▶難易度: 並　　▶目標解答時間: **20**分

問　次の式で定められる数列 $\{a_n\}$ について、以下の問いに答えよ。

$$a_1 = 5 \qquad a_{n+1} = \frac{a_n}{2} + \frac{8}{a_n} \qquad (n = 1,\ 2,\ 3,\ \cdots\cdots)$$

(1) すべての自然数 n に対して $a_n > 4$ が成り立つことを示せ。

(2) すべての自然数 n に対して $a_{n+1} < a_n$ が成り立つことを示せ。

(3) すべての自然数 n に対して $a_n - 4 \leqq \dfrac{1}{2^{n-1}}$ が成り立つことを示せ。

前提となる知識・公式

◎数学的帰納法[18]

(ⅰ) $n=1$ のとき成り立つことを証明

(ⅱ) $n=k$ のときに成り立つと仮定して、$n=k+1$ のとき成り立つことを証明

◎不等式の証明

$$A > B を示す \Rightarrow A - B > 0 を示す$$

◎不等式変形の基本

$$x < y のとき、z > 0 ならば、xz < yz$$

＊18　詳しくは「永野の目」で解説します。

（1）を解くためのアプローチ

自然数に関する命題なので、数学的帰納法を試してみます。

✏️ （1）の解答

$a_n > 4 \cdots\cdots ☆$ を示す。

（ⅰ）$n = 1$ のとき

$$a_1 = 5 > 4$$

より（☆）は成立。

（ⅱ）$n = k$ のとき

$$a_k > 4 \cdots\cdots ①$$

とすると、与えられた漸化式より

$$a_{k+1} - 4 = \frac{a_k}{2} + \frac{8}{a_k} - 4$$

$$= \frac{a_k^2 + 16 - 8a_k}{2a_k}$$

$$= \frac{(a_k - 4)^2}{2a_k} > 0$$

> 与えられた漸化式の n を k に換えると、
> $$a_{k+1} = \frac{a_k}{2} + \frac{8}{a_k}$$

> $a_k > 4$ と仮定しているので、分母が0や負になることや、分子が0になることを心配する必要はありません。

よって、$n = k+1$ のときも☆は成立。

（ⅰ）、（ⅱ）よりすべての自然数 n について、$a_n > 4$ が成り立つ。

（証明終）

（2）を解くためのアプローチ

（1）と同じく、自然数に関する命題ですが、同じ大問の中で同じ手法が二度通用するケースは少ないので、**不等式の証明**の基本に立ち返って、大きいと思われる方から小さい方と思われる方を引き算してみます。

(2) の解答

$$a_n - a_{n+1} = a_n - \left(\frac{a_n}{2} + \frac{8}{a_n}\right)$$

> $a_n > a_{n+1}$ を示したいので $a_n - a_{n+1} > 0$ を示そうとしています。

$$= a_n - \frac{a_n}{2} - \frac{8}{a_n}$$

$$= \frac{2a_n^2 - a_n^2 - 16}{2a_n}$$

$$= \frac{a_n^2 - 16}{2a_n}$$

> $a^2 - b^2 = (a+b)(a-b)$

$$= \frac{(a_n+4)(a_n-4)}{2a_n} > 0$$

> （1）で $a_n > 4$ であることが証明済みなので、
> $a_n + 4 > 0$、$a_n - 4 > 0$、$2a_n > 0$

よって、

$$a_n - a_{n+1} > 0 \Rightarrow a_{n+1} < a_n$$

（証明終）

 (3) を解くためのアプローチ

（1）から $0 < a_n - 4$ なので、$a_n - 4$ の最小値が 0 より大きいことはわかっていますが、今度は

$$a_n - 4 \leqq \frac{1}{2^{n-1}}$$

であることを示さなくてはなりません。つまり $a_n - 4$ の最大値が $\frac{1}{2^{n-1}}$ 以下であることを示す必要があるわけです。

（2）で示した $a_{n+1} < a_n$ という関係を用いると

$$a_{n+1} - 4 < a_n - 4$$

であることはわかります。つまり

$$a_n - 4 < a_{n-1} - 4$$

$$a_{n-1} - 4 < a_{n-2} - 4$$

$$a_{n-2} - 4 < a_{n-3} - 4$$

$$\cdots\cdots\cdots\cdots$$

$$a_3 - 4 < a_2 - 4$$

$$a_2 - 4 < a_1 - 4$$

> $a_{n+1} - 4 < a_n - 4$ の n に $n-1$、$n-2$、$n-3$、……2、1 を順次代入しています。

です。これらを合わせると

$$a_n - 4 < a_{n-1} - 4 < a_{n-2} - 4 < a_{n-3} - 4 < \cdots\cdots < a_3 - 4 < a_2 - 4 < a_1 - 4$$

$$\Rightarrow a_n - 4 < a_1 - 4$$

$$\Rightarrow a_n - 4 < 1$$

> $a_1 = 5$ より $a_1 - 4 = 1$

しかし、これではまだ不十分[*19]です。$a_n - 4$ の値をもっと厳しく評価してやる必要があります。ただし、$a_{n+1} - 4$ と $a_n - 4$ に成り立つ不等式の関係を求めて、**n に $n-1$、$n-2$、$n-3$、……2、1 を順次代入していく方法**は使えそうな予感がします。

ここで（1）の（ⅱ）で得られた関係式を変形して

$$a_{k+1} - 4 = \frac{(a_k - 4)^2}{2a_k} \Rightarrow a_{k+1} - 4 = \frac{a_k - 4}{2a_k}(a_k - 4)$$

を使おうと思えればしめたものです。

(3) の解答

（1）の（ⅱ）で行った式変形より

$$a_{n+1} - 4 = \frac{(a_n - 4)^2}{2a_n}$$

$$= \frac{a_n - 4}{2a_n}(a_n - 4)$$

$$= \left(\frac{a_n}{2a_n} - \frac{4}{2a_n}\right)(a_n - 4)$$

$$= \left(\frac{1}{2} - \frac{2}{a_n}\right)(a_n - 4) \quad \cdots\cdots②$$

[*19] 今の目標は、$a_n - 4 \leqq \dfrac{1}{2^{n-1}}$ であることを示すことです。たとえば $n=3$ なら、

$$a_3 - 4 \leqq \frac{1}{2^{3-1}} = \frac{1}{2^2} = \frac{1}{4} \Rightarrow a_3 - 4 \leqq \frac{1}{4}$$

であることを示す必要があるので、$a_n - 4$ が1より小さいことが言えただけでは不十分なのです。

（1）より、$a_n > 4 > 0$ なので

$$\frac{1}{2} - \frac{2}{a_n} < \frac{1}{2}$$

$$\Rightarrow \left(\frac{1}{2} - \frac{2}{a_n}\right)(a_n - 4) < \frac{1}{2}(a_n - 4) \quad \cdots\cdots \text{③}^{*20}$$

> $a_n > 0$ なので $\dfrac{2}{a_n} > 0$
>
> 一般に
>
> $a > 0 \Rightarrow x - a < x$

> $a_n - 4 > 0$ なので $a_n - 4$ を不等式の両辺に掛けても不等号はそのまま。

②と③より

$$a_{n+1} - 4 = \left(\frac{1}{2} - \frac{2}{a_n}\right)(a_n - 4) < \frac{1}{2}(a_n - 4)$$

$$\Rightarrow a_{n+1} - 4 < \frac{1}{2}(a_n - 4) \quad \cdots\cdots \text{④}$$

④の n を $n-1$ に置き換えると

$$a_n - 4 < \frac{1}{2}(a_{n-1} - 4) \quad \cdots\cdots \text{⑤}$$

さらに、⑤の n を $n-1$ に置き換えると

$$a_{n-1} - 4 < \frac{1}{2}(a_{n-2} - 4) \quad \cdots\cdots \text{⑥}$$

⑤と⑥を合わせると

$$a_n - 4 < \frac{1}{2}(a_{n-1} - 4)$$

> 青字部分に⑥の関係を適用

$$< \frac{1}{2} \cdot \frac{1}{2}(a_{n-2} - 4) \quad \cdots\cdots \text{⑦}$$

⑥の n を $n-1$ に置き換えると

$$a_{n-2} - 4 < \frac{1}{2}(a_{n-3} - 4) \quad \cdots\cdots \text{⑧}$$

⑦と⑧を合わせると

$$a_n - 4 < \frac{1}{2}(a_{n-1} - 4)$$

$$< \frac{1}{2} \cdot \frac{1}{2}(a_{n-2} - 4)$$

$$< \frac{1}{2} \cdot \frac{1}{2} \cdot \frac{1}{2}(a_{n-3} - 4)$$

> 青字部分に⑧の関係を適用

---

*20　「前提となる知識・公式」の「不等式変形の基本」参照。

以下同様に続けていくと

$$a_n - 4 < \frac{1}{2}(a_{n-1} - 4)$$

$$< \left(\frac{1}{2}\right)^2 (a_{n-2} - 4)$$

$$< \left(\frac{1}{2}\right)^3 (a_{n-3} - 4)$$

$$< \cdots\cdots$$

$$< \left(\frac{1}{2}\right)^{n-1} (a_1 - 4)$$

$$\Rightarrow a_n - 4 < \frac{1}{2^{n-1}}(a_1 - 4) \quad \cdots\cdots ⑨$$

を得ます。$a_1 = 5$ より⑨から

$$a_n - 4 < \left(\frac{1}{2}\right)^{n-1}(5 - 4) \Rightarrow a_n - 4 < \frac{1}{2^{n-1}}$$

（証明終）

NAGANO'S EYE

永野の目

《数学的帰納法について》

【数学的帰納法の手順】
（ⅰ）$n=1$ のとき成り立つことを証明
（ⅱ）$n=k$ のときに成り立つと仮定して、$n=k+1$ のとき成り立つことを証明

　数学的帰納法の一番のポイントは $n=k$ のときに成立することを証明なしに仮定して、それを $n=k+1$ のときの証明に使っている点です。これが許されることは、ドミノ倒しをイメージすればわかります。

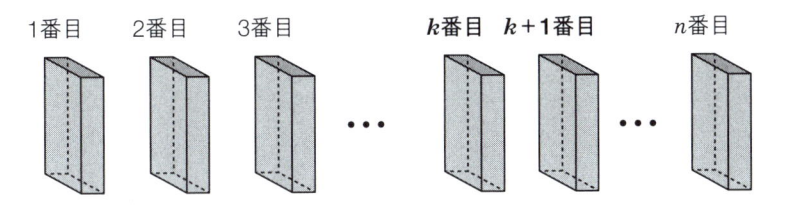

　ドミノ倒しが成功する（全部のドミノを倒す）**条件**を考えてみましょう。仮に1000個のドミノを並べるとします。このドミノ倒しを成功させるためには、

> 1番目のドミノが倒れる（底面が接着剤等で固定されていない）。
> 2番目のドミノが、1番目が倒れたら倒れる状態にある。
> 3番目のドミノが、2番目が倒れたら倒れる状態にある。
> 4番目のドミノが、3番目が倒れたら倒れる状態にある。
> $\vdots$
> 1000番目のドミノが、999番目が倒れたら倒れる状態にある。

のすべてを確認する必要がありますね。まとめると

【ドミノ倒しが成功する条件】
（ⅰ）最初のドミノが倒れる。
（ⅱ）2番目以降のすべてのドミノが、前が倒れてきたら倒れる状態にある。

数学的帰納法における（ⅰ）と（ⅱ）の手順はちょうどドミノ倒しが成功する条件の（ⅰ）と（ⅱ）に相当しています。

ただし、ドミノ倒しの場合はどんなにたくさん並べたとしても、数に限りがありますからすべてのドミノが条件を満たすことを確認できます（というか、そうしなければいけません）が、自然数に関する命題の場合は、無限に続くのですべてについて具体的に調べることは不可能です。だから数学的帰納法の方では**文字kを使って一般化**しています。

文字kを使って表しておけば、kには 1 でも100でも999でも好きな自然数を代入することができるので、**すべての自然数について証明したことになるのです。**

（3）は一筋縄ではいきませんが、「思考のプロセス」でも書いたとおり、（2）で得られた不等式のnに$n-1$、$n-2$、$n-3$、……2、1を順次代入していくアイディアを持てれば、突破口が開けます。

このように

$$n \to n-1 \to n-2 \to n-3 \to \cdots\cdots \to 2 \to 1$$

という流れで考えることは、数学的帰納法における

$$1 \to \cdots\cdots \to k \to k+1 \to \cdots\cdots \to n$$

という流れとは対称的です。

たとえば$(n+1)a_{n+1}=na_n$という漸化式で表される数列の一般項も、次のように代入する値を順次小さくすることで求めることができます。

$$(n+1)a_{n+1}=na_n \Rightarrow a_{n+1}=\frac{n}{n+1}a_n$$

より、

$$a_n=\frac{n-1}{n}a_{n-1}$$

$$a_{n-1}=\frac{n-2}{n-1}a_{n-2}$$

$$a_{n-2}=\frac{n-3}{n-2}a_{n-3}$$

$$\cdots\cdots\cdots$$

$$a_2 = \frac{1}{2} a_1$$

これらを合わせると、

$$a_n = \frac{n-1}{n} a_{n-1}$$

$$= \frac{n-1}{n} \cdot \frac{n-2}{n-1} a_{n-2}$$

$$= \frac{n-1}{n} \cdot \frac{n-2}{n-1} \cdot \frac{n-3}{n-2} a_{n-3}$$

$$= \cdots\cdots$$

$$= \frac{n-1}{n} \cdot \frac{n-2}{n-1} \cdot \frac{n-3}{n-2} \cdots\cdots \frac{1}{2} a_1$$

$$\Rightarrow a_n = \frac{1}{n} a_1$$

　本問は、数学的帰納法という代入する値を順次大きくしていくイメージの発想の後に、代入する値を順次小さくしていく発想法を試そうとしている点でバランスに優れた良問と言えるでしょう。

本質を見極めながら計算する力が
問われる問題

東京大学 2007年度　　▶難易度: 易 標 **難**　　▶目標解答時間: **30** 分

問　(1) $0 < x < a$ をみたす実数 x、a に対し、次を示せ。

$$\frac{2x}{a} < \int_{a-x}^{a+x} \frac{1}{t}\,dt < x\left(\frac{1}{a+x} + \frac{1}{a-x}\right)$$

(2) (1) を利用して、次を示せ。

0.68 < log2 < 0.71

ただし、log2は2の自然対数を表す。

前提となる知識・公式

◎指数の拡張

a を0でない数、n を正の整数とするとき次のように定める。

$$a^0 = 1,\quad a^{-n} = \frac{1}{a^n}$$

◎対数関数

$x = a^y$ を満たす y の値を、a を**底**とする x の**対数**といい、次のように表す。

$$y = \log_a x$$

また、対数を使って上のように定義される関数を**対数関数**という。

なお、特に底が e（**自然対数の底**）であるものを自然対数といい、自然対数は底の記号を省略して $\log x$ と表すことが多い。

注)「自然対数の底」とは次式の極限で定義される無理数（分数で表せない数）です。

$$e = \lim_{n \to \infty}\left(1+\frac{1}{n}\right)^{n} = 2.7182818\cdots\cdots$$

◎分数関数のグラフ

aを0でない定数とするとき

$$y = \frac{a}{x}$$

のグラフはx軸とy軸を漸近線とする**双曲線**になる。

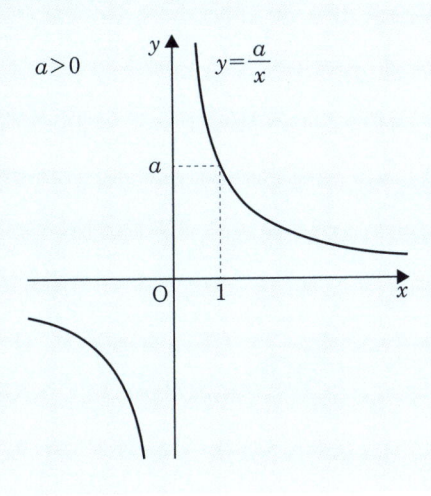

◎不定積分

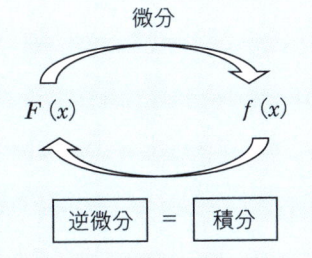

$F(x)$を微分すると$f(x)$になるとき、すなわち

$$F'(x) = \lim_{h \to 0}\frac{F(x+h)-F(x)}{h} = f(x)$$

であるとき、$F(x)$ を $f(x)$ の **不定積分** といい[21]、次のように表す。

$$F(x) = \int f(x)\,dx$$

◎定積分

$F(x)$ が $f(x)$ の不定積分であるとき、$F(b) - F(a)$ を $f(x)$ の $x=a$ から $x=b$ までの **定積分** と呼ぶ。定積分は次のように表す。

$$\int_a^b f(x)\,dx = \Big[F(x)\Big]_a^b = F(b) - F(a)$$

定積分 $F(b) - F(a)$ は $y = f(x)$ と $x = a$、$x = b\,(a < b)$ および x 軸で囲まれる図形の面積 S を表す。

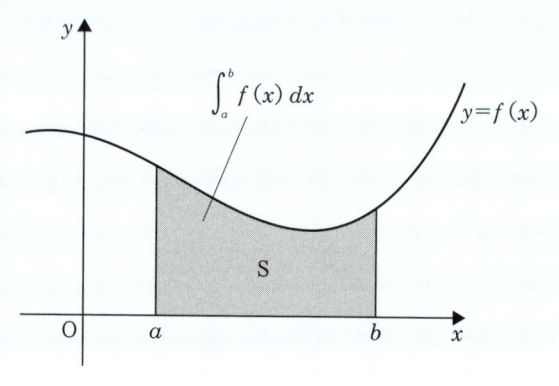

◎定積分の性質

$$\int_a^b f(x)\,dx = \int_a^c f(x)\,dx + \int_c^b f(x)\,dx$$

◎分数関数の不定積分[22]

$$\int \frac{1}{x}\,dx = \log|x|$$

☞ (1) を解くためのアプローチ

示すべき不等式

---

* 21　同時に、$f(x)$ は $F(x)$ の導関数です。
* 22　積分定数は省略しています。

$$\frac{2x}{a} < \int_{a-x}^{a+x} \frac{1}{t}\,dt < x\left(\frac{1}{a+x} + \frac{1}{a-x}\right)$$

の真ん中の定積分は分数関数 $y = \dfrac{1}{t}$ のグラフにおいて、次の図のグレー部分の面積 S

を表します。

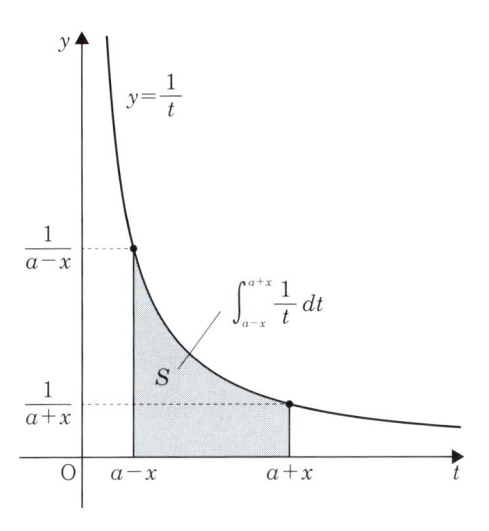

よって、この S より小さくて**面積が $\dfrac{2x}{a}$ になる図形**と、S より大きくて

面積が $x\left(\dfrac{1}{a+x} + \dfrac{1}{a-x}\right)$ になる図形を探してあげればいいわけです。

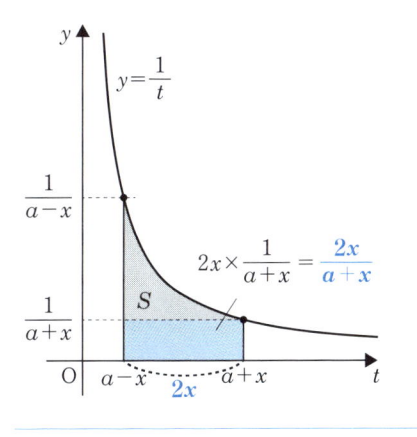 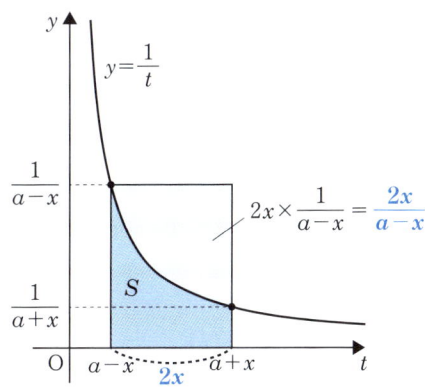

S より小さい面積の図形として最初に思いつくのは、横が $2x$、高さが $\dfrac{1}{a+x}$ の長方形

ですが、これは $\dfrac{2x}{a+x}<\dfrac{2x}{a}$ より不適[*23]です。

同様に、S より大きい面積の図形として最初に思いつく横が $2x$、高さが $\dfrac{1}{a-x}$ の長方

形の面積は、これも $x\left(\dfrac{1}{a+x}+\dfrac{1}{a-x}\right)<\dfrac{2x}{a-x}$ より不適[*24]です。

S より小さいほうも大きいほうも、もっと S と面積が近いものを探す必要があります。

(1) の解答

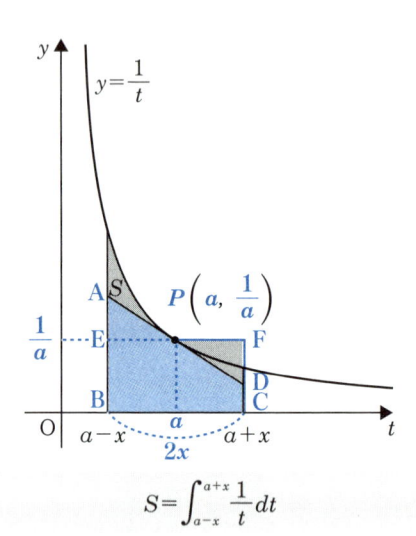

$$S=\int_{a-x}^{a+x}\frac{1}{t}dt$$

とします。上の図で AD は $P\left(a,\ \dfrac{1}{a}\right)$ における接線の一部です。

図より、

$$台形ABCD<S \quad \cdots\cdots ①$$

であることは明らかです。

また、P は EF の中点なので、面積について

[*23] $0<x$ より、$\dfrac{1}{a+x}<\dfrac{1}{a} \Rightarrow \dfrac{2x}{a+x}<\dfrac{2x}{a}$

[*24] $0<x$ より、$\dfrac{1}{a+x}<\dfrac{1}{a-x} \Rightarrow \dfrac{1}{a+x}+\dfrac{1}{a-x}<\dfrac{1}{a-x}+\dfrac{1}{a-x} \Rightarrow x\left(\dfrac{1}{a+x}+\dfrac{1}{a-x}\right)<\dfrac{2x}{a-x}$

$$\triangle \text{AEP} = \triangle \text{DFP} \ \Rightarrow \ \text{台形ABCD} = \text{長方形EBCF} \quad \cdots\cdots ②$$

①、②より

$$\text{長方形EBCF} < S \Rightarrow 2x \times \frac{1}{a} < S \Rightarrow \frac{2x}{a} < S$$

$$\therefore \ \frac{2x}{a} < \int_{a-x}^{a+x} \frac{1}{t}\, dt \quad \cdots\cdots ③$$

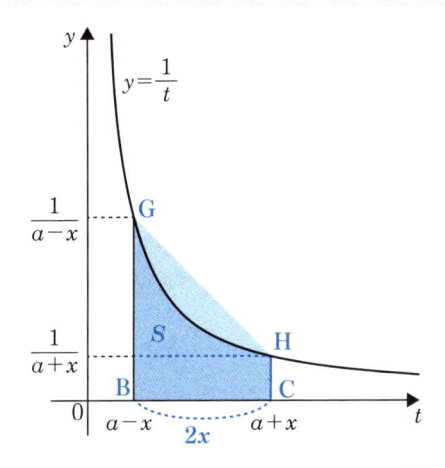

また、上図より、

$$S < \text{台形GBCH} \quad \cdots\cdots ④$$

> 台形の面積
> （上底＋下底）×高さ×$\dfrac{1}{2}$

であることも明らかです。

$$\text{台形GBCH} = \left(\frac{1}{a+x} + \frac{1}{a-x}\right) \times 2x \times \frac{1}{2} = x\left(\frac{1}{a+x} + \frac{1}{a-x}\right) \quad \cdots\cdots ⑤$$

④、⑤より

$$S < x\left(\frac{1}{a+x} + \frac{1}{a-x}\right)$$

$$\therefore \ \int_{a-x}^{a+x} \frac{1}{t}\, dt < x\left(\frac{1}{a+x} + \frac{1}{a-x}\right) \quad \cdots\cdots ⑥$$

③、⑥より

$$\frac{2x}{a} < \int_{a-x}^{a+x} \frac{1}{t}\, dt < x\left(\frac{1}{a+x} + \frac{1}{a-x}\right)$$

（証明終）

（2）を解くためのアプローチ

当然（1）はヒントになっているはずです。

分数関数の不定積分と**定積分**の定義から

$$\int_{a-x}^{a+x} \frac{1}{t} dt = \left[\log|t|\right]_{a-x}^{a+x} = \log|a+x| - \log|a-x|$$

です。$0 < x < a \Rightarrow a+x > 0$、$a-x > 0$より

$$\int_{a-x}^{a+x} \frac{1}{t} dt = \log(a+x) - \log(a-x)$$

（2）はlog2を評価する問題ですから、

$$\log2 = \log2 - \log1 = \log(a+x) - \log(a-x)$$

> 指数の拡張より
> $a^0 = 1$
> 対数の定義より
> $\log_a 1 = 0$

すなわち

$$a+x = 2、\quad a-x = 1 \Rightarrow a = \frac{3}{2}、\quad x = \frac{1}{2}$$

のケースと考えてこれらを（1）で得られた不等式に代入してみます。

$$\frac{2x}{a} < \int_{a-x}^{a+x} \frac{1}{t} dt < x\left(\frac{1}{a+x} + \frac{1}{a-x}\right)$$

より

$$\frac{2x}{a} < \log(a+x) - \log(a-x) < x\left(\frac{1}{a+x} + \frac{1}{a-x}\right)$$

$$\Rightarrow \frac{2 \times \frac{1}{2}}{\frac{3}{2}} < \log2 - \log1 < \frac{1}{2}\left(\frac{1}{2} + \frac{1}{1}\right)$$

$$\Rightarrow \frac{1}{3} < \log2 < \frac{3}{4}$$

$$\Rightarrow 0.66\cdots < \log2 < 0.75$$

しかし、示すべきは$0.68 < \log2 < 0.71$ですから、もっと良い精度で評価する[25]必要があります。

＊25　だいたいの値の範囲を求めることを数学では「評価する」と言います。

結局（1）の不等式というのは、$y=\dfrac{1}{t}$の曲線と$t=x-a$、$t=x+a$およびt軸で囲まれた面積を台形の面積で評価しています。

　一般に、曲線で囲まれた面積を長方形や台形で近似する際には、横幅を狭くした方がより良い近似になります。

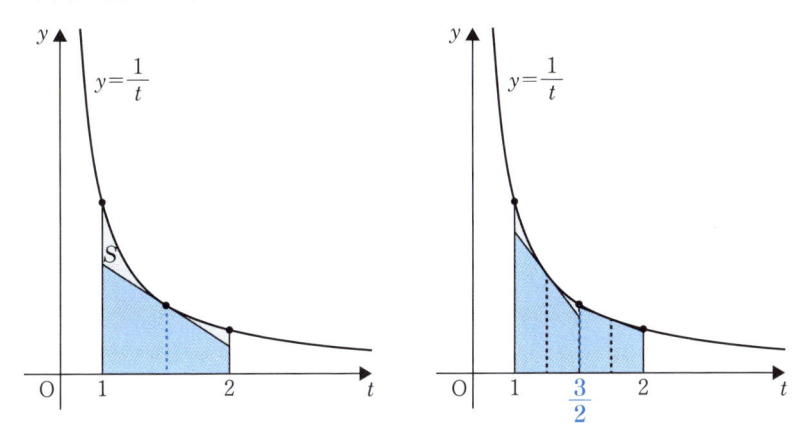

　上の図でも右の方が良い精度になっているのは一目瞭然です。

　そこで、**定積分の性質**を使って

$$\log 2 = \int_1^2 \frac{1}{t}\,dt = \int_1^{\frac{3}{2}} \frac{1}{t}\,dt + \int_{\frac{3}{2}}^2 \frac{1}{t}\,dt$$

> **定積分の性質**
> $$\int_a^b f(x)\,dx = \int_a^c f(x)\,dx + \int_c^b f(x)\,dx$$

と考えることにします。そして最右辺の2つの定積分をそれぞれ（1）で得られた不等式で評価してみましょう。

（2）の解答

$$\int_{a-x}^{a+x} \frac{1}{t}\,dt = \int_1^{\frac{3}{2}} \frac{1}{t}\,dt$$

のとき、すなわち

$$a+x=\frac{3}{2}、\quad a-x=1 \Rightarrow a=\frac{5}{4}、\quad x=\frac{1}{4}$$

のとき、（1）で得られた不等式

$$\frac{2x}{a} < \int_{a-x}^{a+x} \frac{1}{t}\,dt < x\left(\frac{1}{a+x} + \frac{1}{a-x}\right)$$

より

$$\frac{2\times\frac{1}{4}}{\frac{5}{4}} < \int_{1}^{\frac{3}{2}} \frac{1}{t}\,dt < \frac{1}{4}\left(\frac{1}{\frac{3}{2}} + \frac{1}{1}\right) \Rightarrow \frac{2}{5} < \int_{1}^{\frac{3}{2}} \frac{1}{t}\,dt < \frac{5}{12} \quad \cdots\cdots ⑦$$

同様に

$$\int_{a-x}^{a+x} \frac{1}{t}\,dt = \int_{\frac{3}{2}}^{2} \frac{1}{t}\,dt$$

のとき、すなわち

$$a+x=2,\ a-x=\frac{3}{2} \Rightarrow a=\frac{7}{4},\ x=\frac{1}{4}$$

のとき、（1）で得られた不等式

$$\frac{2x}{a} < \int_{a-x}^{a+x} \frac{1}{t}\,dt < x\left(\frac{1}{a+x} + \frac{1}{a-x}\right)$$

より

$$\frac{2\times\frac{1}{4}}{\frac{7}{4}} < \int_{\frac{3}{2}}^{2} \frac{1}{t}\,dt < \frac{1}{4}\left(\frac{1}{2} + \frac{1}{\frac{3}{2}}\right) \Rightarrow \frac{2}{7} < \int_{\frac{3}{2}}^{2} \frac{1}{t}\,dt < \frac{7}{24} \quad \cdots\cdots ⑧$$

⑦＋⑧より

$$\frac{2}{5} + \frac{2}{7} < \int_{1}^{\frac{3}{2}} \frac{1}{t}\,dt + \int_{\frac{3}{2}}^{2} \frac{1}{t}\,dt < \frac{5}{12} + \frac{7}{24}$$

$$\Rightarrow \frac{24}{35} < \int_{1}^{2} \frac{1}{t}\,dt < \frac{17}{24}$$

$$\int_{a}^{b} f(x)\,dx = \int_{a}^{c} f(x)\,dx + \int_{c}^{b} f(x)\,dx$$

$$\Rightarrow 0.6857\cdots < \left[\log t\right]_{1}^{2} < 0.7083\cdots$$

$$\Rightarrow 0.68 < 0.6857\cdots < \log 2 - \log 1 < 0.7083\cdots < 0.71$$

$\log_a 1 = 0$

$$\Rightarrow 0.68 < \log 2 < 0.71$$

（証明終）

NAGANO'S EYE

永野の目

（1）は定積分の値を評価する際、長方形では不十分である（精度が悪すぎる）ことから、台形を考える必要があるところが若干難しいですが、東大受験生であれば、ここはたいていの人が攻略できたと思います。

しかし（2）については精度を上げるために積分区間[*26]を狭くする必要があることから完答できた人はそう多くないでしょう。

数IIIにおける微分・積分の計算は複雑になりがちなので、式変形やテクニックに追われて、何を計算しているのかを見失ってしまう人が少なくありません。でも定積分の本質は曲線で囲まれた面積を限りなく幅の小さい長方形の面積の和として計算することにあります。

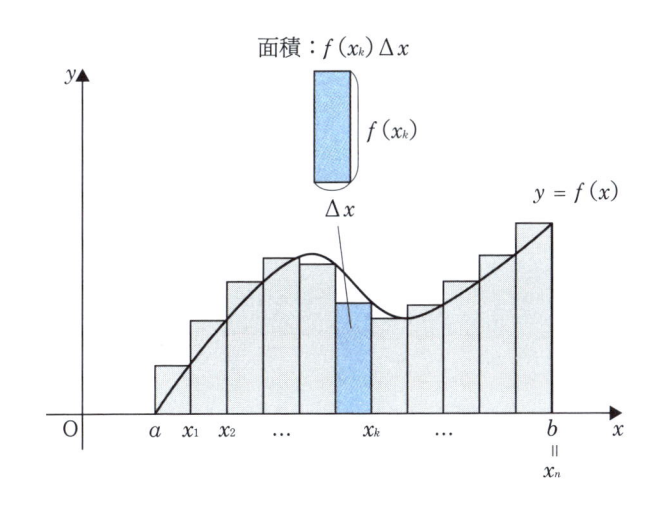

面積：$f(x_k)\Delta x$

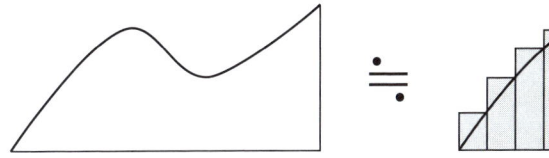

---

*26　$\displaystyle\int_a^b f(x)\,dx$における区間$a \leqq x \leqq b$のこと。

$$\text{面積} = \lim_{n \to \infty} \sum_{k=1}^{n} f(x_k)\, \Delta x = \int_{\textcircled{a}}^{\textcircled{b}} f(x)\, dx$$

右端の値

左端の値

　地に足をつけて数学を学んでいくためには、いかなるときも**計算の本質**をしっかりと**理解**しておくことが必要不可欠です。

　本問はlog2の値を評価する、という一見突拍子もないような設問を切り口に、積分の本質理解を試すという非常によく練られた問題だと思います。

脳みそに汗をかきながら
試行錯誤を楽しむ問題

ラングレーの問題　　　　▶難易度: 😵😵 **難**　　▶目標解答時間: 無制限

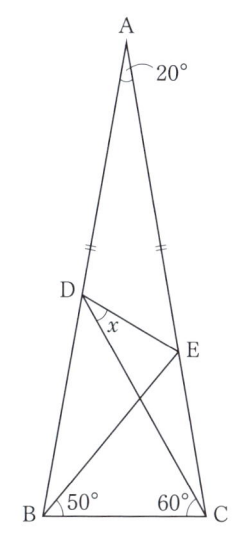

　AB＝ACで頂角∠BAC＝20°の二等辺三角形ABCがある。上の図のように、AB、AC上に∠EBC＝50°、∠BCD＝60°となるように点Dと点Eをとったとき、∠EDCの大きさを求めよ。

二等辺三角形の底角が等しいことや、三角形の内角の和が180°であることを使えば、図中のいくつかの角度の値は次のように計算できます。

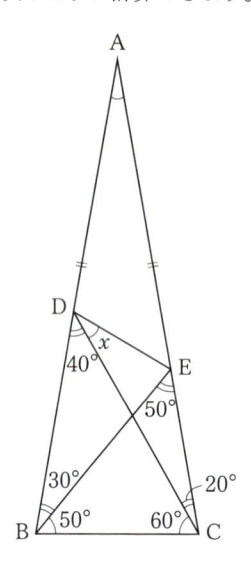

　問題はここからです。

　このままでは手詰まりなので補助線によって自分にとって都合のいい図形を作り出すことを考えます。

　「自分にとって都合のよい図形」というのは、**情報量の多い図形**です。たとえば、**二等辺三角形、正三角形、直角三角形、正方形、平行四辺形**などは図形として特別な性質を持つので情報量が豊富です。

解答

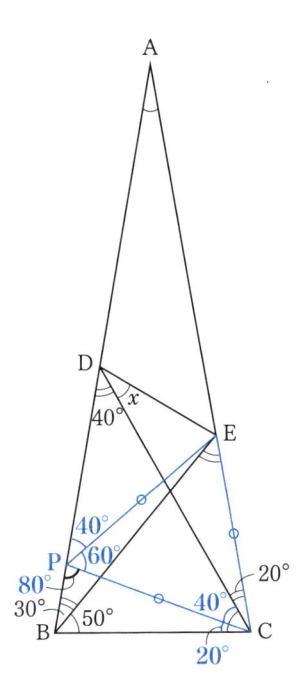

上の図のように、BD上に点Pを△PCEが正三角形になるようにとると、

$$PC = \textbf{PE} = EC \quad \cdots\cdots①$$

$$\angle PCD = 60° - \angle DCE = 40° \cdots\cdots②$$

$\angle PCD = \angle CDP (=40°)$なので△PCDは二等辺三角形。よって

$$PC = \textbf{PD} \quad \cdots\cdots③$$

①、③より

$$PE = PD$$

△PEDは二等辺三角形なので

$$\angle EDP = \angle PED \quad \cdots\cdots④$$

また、②より

$$\angle BCP = \angle DCB - \angle PCD = 60° - 40° = 20°$$

△CPBに注目すると

$$\angle CPB = 180° - (\angle PBC + \angle BCP) = 180° - (80° + 20°) = 80°$$

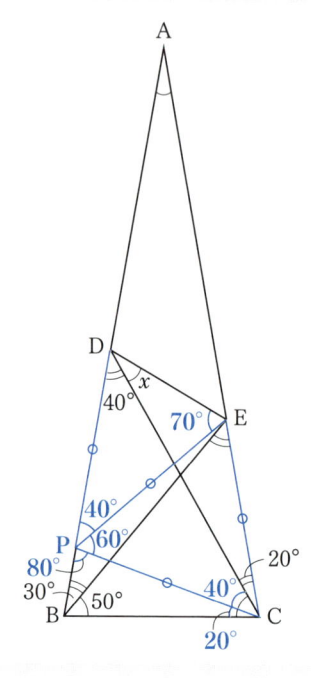

$$\angle DPE = 180° - (\angle CPB + \angle EPC) = 180° - (80° + 60°) = 40°$$

△PEDにおいて、④より

$$\angle EDP = \angle PED = \frac{180° - \angle DPE}{2} = \frac{180° - 40°}{2} = 70°$$

よって、

$$x + 40° = 70° \Rightarrow x = 30° \Rightarrow \angle EDC = 30°$$

答え：　　　　　　　　　　**30°**

NAGANO'S EYE

永野の目

この問題はイギリスの数学者エドワード・ラングレー（1851－1933）が、自身の創刊した数学教育の学術誌 "The Mathematical Gazette" に発表した問題です。平面幾何学の難問として有名で「**ラングレーの問題**」として知られています。

恥ずかしながら正直に告白しますと、私は最初にこの問題に触れたとき（生徒さんからの質問でした）有名な問題とは知らず、3日3晩考え続けました。

実際、この問題は平行線や垂線といった基本的な補助線では解くことができず、「BD上に△PCEが正三角形になるような点Pをとる」という一見突拍子もない補助線が引けないと解決しません[27]。

本問のように、補助線によって自分に都合のよい図形をつくることで解決する問題をひとつ紹介しましょう。

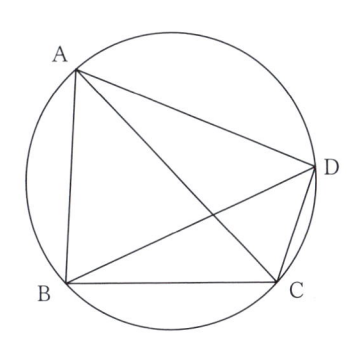

四角形ABCDが円に内接するとき、対辺の長さの積の和は対角線の長さの積に等しいこと、すなわち次式が成立することを証明せよ。

$$AB \cdot CD + AD \cdot BC = AC \cdot BD$$

《解説》

BD上に∠BAE＝∠CADとなるような点Eをとることがポイントです。

[27]　別解は他にもいろいろあります。ご興味のある方は「ラングレーの問題」で検索してみてください。

169

ラングレーの問題

【証明】

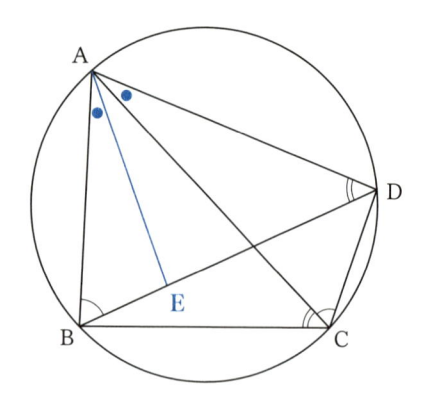

BD上に点Eを、

$$\angle BAE = \angle CAD \quad \cdots ①$$

となるようにとる。

△ABEと△ACDにおいて

$$\angle ABE = \angle ACD（弧ADに対する円周角）\quad \cdots ②$$

①、②より２つの角が等しいので

$$△ABE \backsim △ACD$$

相似な図形の対応する辺の比は等しいので

$$AB : BE = AC : CD \Rightarrow AB \cdot CD = AC \cdot BE \quad \cdots ③$$

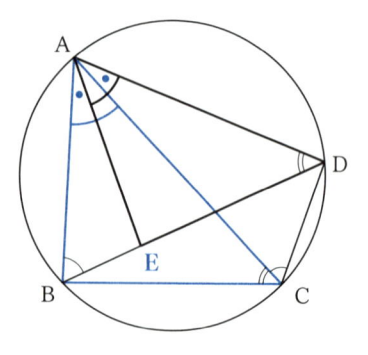

また、△AEDと△ABCにおいて

$$\angle EAD = \angle EAC + \angle CAD$$
$$= \angle EAC + \angle BAE$$
$$= \angle BAC$$

①より

ゆえに

$$\angle EAD = \angle BAC \quad \cdots ④$$
$$\angle ADE = \angle ACB \text{（弧ABに対する円周角）} \quad \cdots ⑤$$

④、⑤より2つの角が等しいので

$$\triangle AED \backsim \triangle ABC$$

相似な図形の対応する辺の比は等しいので

$$AD : ED = AC : BC \Rightarrow AD \cdot BC = AC \cdot ED \quad \cdots ⑥$$

③+⑥より[*28]

$$AB \cdot CD + AD \cdot BC = AC \cdot BE + AC \cdot ED$$
$$= AC \cdot (BE + ED)$$
$$= AC \cdot BD$$

ゆえに

$$AB \cdot CD + AD \cdot BC = AC \cdot BD$$

（証明終）

　円に内接する四角形ABCDにおいて、

$$AB \cdot CD + AD \cdot BC = AC \cdot BD$$

が成立することは、「トレミーの定理」と呼ばれています。トレミーというのは古代ギリシャの天文学者プトレマイオス（Ptolemy）のことです。この定理は高校の必須内容ではありませんが、三角関数の加法定理に相当する重要な定理です。実際プトレマイオスはこの定理を基にして、今で言う三角比の計算を行い、惑星の運行データを数学的に説明することに成功しました。

[*28] ③と⑥の右辺にはどちらにもACが含まれるので、足し合わせればACで括ることができて、証明の結論に近づけそうだと目論んでいます。

本書ではこれまで、小学校・中学校・高校のそれぞれにおける難問・良問を紹介してきました。

　結局、算数・数学ができるようになるためには、脳みそに汗をかきながら、あーでもない、こーでもないと考える経験をたくさん積むしかありません。

　寡聞にして「ラングレーの問題」を知らなかったのは、数学教師として恥ずかしいことではありますが、おかげで私はこの問題を考え続けることができました（解答がネットに載っているとは思いもよらず…）。

　この経験によって、角度を求める他の問題は随分簡単に感じられるようになりましたし、「補助線によって都合のよい図形をつくる」ことが、証明の難しい「トレミーの定理」と同じ発想であることに気づいたとき、自分の中で補助線についての理解がぐっと深まることも実感しました。

　数学に興味を持っておられたり、数学の実力を磨きたいと願っておられたりする本書の読者の皆さんには是非、同じ経験をしていただきたいと願っております。

　数分考えただけですぐに答えを見る、あるいは「見たことのない問題だから」という理由で、まったく考えもせずに先に解答を読んでしまう、そんな勉強では数学は決してできるようになりません。

　エスカレーターやヘリコプターで他人の築いた頂きに行こうとするのではなく、どうぞ自分なりの方法で一つずつブロックを積み上げていってください。そして見えてくる風景が徐々に変わってくる喜びと、思いもよらない高みにまで達することができた驚きと共に数学を学んでいただければ、一数学教師としてこれほど嬉しいことはありません。

CHAPTER ○－④

社会人編

BUSINESSPERSON LEVEL

この章には、難問として有名な「モンティ・ホール問題」や「パーティー問題」のほか、「フェルミ推定」と「ゲーム理論」を取り上げました。

だいたいの値を見積もる手法であるフェルミ推定は、GoogleやMicrosoftといった企業が入社試験に出したことから、最近では就職活動においても重要な技能になりつつありますし、「ゲーム理論」は利害関係にある国家や企業に最適の戦略を教えてくれます。

本章に登場する問題は高校の教科書、参考書には登場しませんが、ネット記事などではときどき話題になるのでご存知のものもあるかもしれません。記事になるくらいですから使う数学はごく基礎的なものに限られます。でも、そのアプローチの中に、数学的に思考することの面白さと有用さを感じていただけることでしょう。「ほう、こういう問題にも数学的思考力は使えるのか」と思っていただければ幸いです。

直感に惑わされない判断力が必要な問題

モンティー・ホール問題　▶難易度: 　▶目標解答時間: **5**分

> **問** ゲストの前に3つのドアがあります。1つのドアの後ろには新車（アタリ）があり、残り2つのドアの後ろにはヤギ（ハズレ）がいます。ゲストが1つのドアを選んだ後に、答えを知っている司会者が外れのうちのドアを1枚開きます。その後でゲストはドアを変えるべきでしょうか？　それともそのままにするべきでしょうか？

前提となる知識・公式

◎条件付き確率と確率の乗法定理

事象[1]Aが起こったときの事象Bが起きる条件付き確率を$P_A(B)$とすると、2つの事象A、Bが共に起こる確率$P(A \cap B)$[2]は次のように表せます[3]。

$$P(A \cap B) = P(A) \times P_A(B)$$

これを確率の乗法定理[4]といいます。

👉 問題を解くためのアプローチ

3つのドアをA、B、Cと名づけ、ゲストが選んだドアをA、司会者が開けたドアをBとしましょう。

---

*1　結果が偶然によって決まる実験や観測などを試行といい、その結果起こる事柄を事象といいます。たとえば、サイコロを振るという試行における事象には「偶数の目が出る」「1の目が出る」などが考えられます。

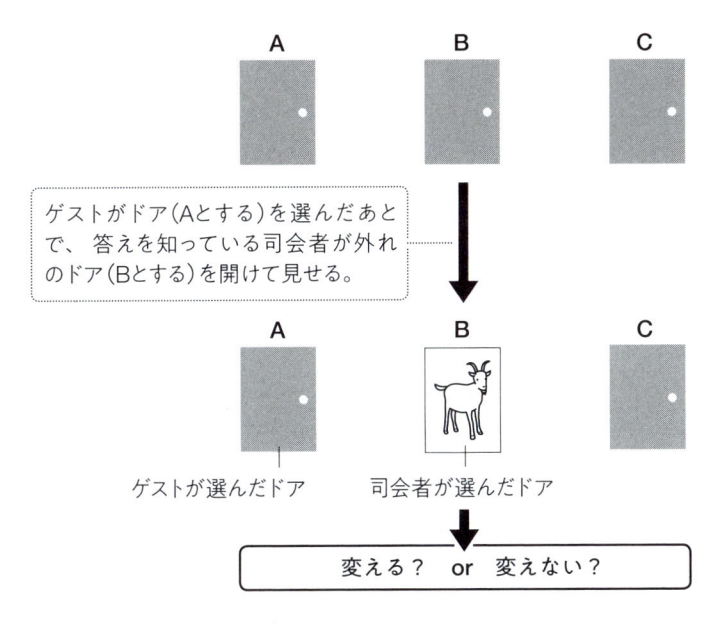

ゲストがドア（Aとする）を選んだあとで、答えを知っている司会者が外れのドア（Bとする）を開けて見せる。

ゲストが選んだドア　　司会者が選んだドア

変える？　or　変えない？

事象A、B、Cを次のように定めます。

$$事象A：A がアタリ$$
$$事象B：B がアタリ$$
$$事象C：C がアタリ$$

ドアは3つあるので、Aがアタリである確率も、Bがアタリである確率も、Cがアタリである確率もすべて$\frac{1}{3}$です。

すなわち

$$P(A) = P(B) = P(C) = \frac{1}{3} \quad \cdots ①$$

次にゲストがAのドアを選んだ後に司会者が開けるドアについて、事象Yと事象Zを次のように定めます。

$$事象Y：司会者が B を開ける$$
$$事象Z：司会者が C を開ける$$

ゲストがAを選んだため、司会者が開けるドアはBかCのいずれかに限られるので

＊2　「事象Aと事象Bが共に起こる」という事象をAとBの**積事象**といい、A∩Bで表します。
＊3　一般に、$P(X)$は**probability of X**の略で「**事象Xが起きる確率**」という意味です。
＊4　後で解説します。

$$P(Y) = P(Z) = \frac{1}{2} \quad \cdots ②$$

です。

たとえば「**司会者がBを開けた（事象Y）という前提でCがアタリ（事象C）である**」という条件付き確率は記号では$P_Y(C)$と表せます。

一方、確率の乗法定理より、

$$P(Y \cap C) = P(Y)\, P_Y(C)$$

$$\Rightarrow P_Y(C) = \frac{P(Y \cap C)}{P(Y)} \quad \cdots ③$$

> 確率の乗法定理
> $P(A \cap B) = P(A) \times P_A(B)$

です。ここで、$P(Y \cap C) = P(C \cap Y)$である[*5]ことに気をつければ③は

$$P_Y(C) = \frac{P(Y \cap C)}{P(Y)} = \frac{P(C \cap Y)}{P(Y)} = \frac{P(C)\,P_C(Y)}{P(Y)} \quad \cdots ④$$

と書き直せます。

また、$P_C(Y)$すなわち「**Cがアタリである（事象C）という前提で、司会者がBを開ける（事象Y）**」という条件付き確率は**1である**[*6]ことを考えると

$$P_C(Y) = 1 \quad \cdots ⑤$$

です。①、②、⑤を④に代入すれば

$$P_Y(C) = \frac{P(C)\,P_C(Y)}{P(Y)}$$

$$= \frac{\frac{1}{3} \cdot 1}{\frac{1}{2}} = \frac{1}{3} \div \frac{1}{2} = \frac{1}{3} \times \frac{2}{1} = \frac{2}{3}$$

> $P(C) = \frac{1}{3}$
> $P_C(Y) = 1$
> $P(Y) = \frac{1}{2}$

つまり、司会者がBを開けた（事象Y）という前提でCがアタリ（事象C）である確率は$\frac{2}{3}$です。最初、ゲストが選んだときは、Aがアタリである確率は$\frac{1}{3}$でしたから、司会者がBのドアを開けた後は**Cを選び直したほうが当たる確率は2倍**になります。

以上は最初にゲストがAを選び、司会者がBを開けた場合ですが、他のケース[*7]でも同様の結果を得ますから、いずれにしても、

ゲストは司会者がハズレのうちの1枚を開いた後は、ドアを変えるべき

[*5]　一般に、「事象Tと事象Sが共に起こる確率」＝「事象Sと事象Tが共に起こる確率」なので、$P(T \cap S)$ $= P(S \cap T)$です。

[*6]　司会者はアタリのドアを開けないので、Cがアタリなら司会者は必ずBを開けます。

です。

　図を使っても理解しておきましょう。

　再びゲストが最初にAを選んだ場合を考えます。

　Aがアタリの場合、司会者が開けるドアはBかCの2通り。また既にゲストがAのドアを選んでいるので、Bがアタリの場合、司会者に選択肢はなく必ずCを開けます。同様にCがアタリの場合は、司会者は必ずBを開けます。

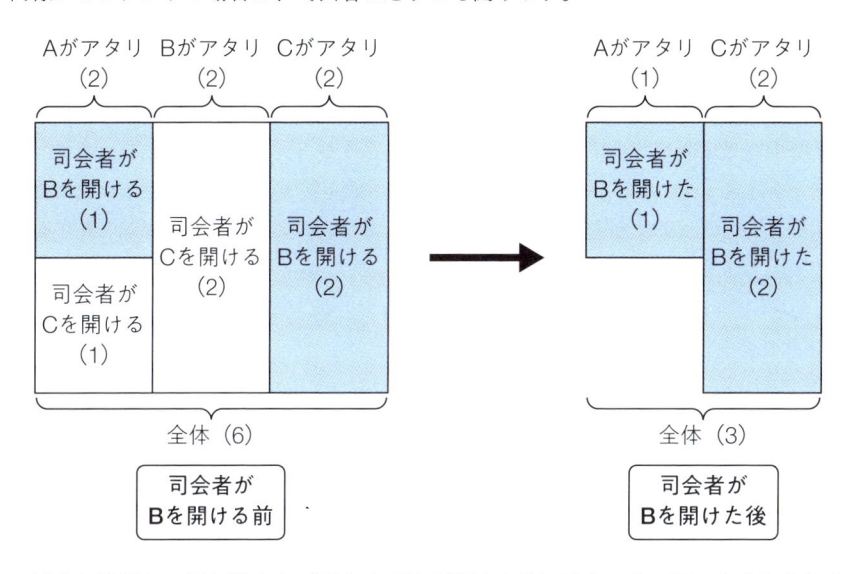

　以上に注意して図を描くと「司会者がBを開ける前」は上の左の図のようになります。（　）内の数字は**全体の面積を6にした場合の各事象の起こりやすさを面積で表**したものです。

　次に、司会者がBを開けた後は、司会者がCを開けるケースを考える必要がなくなるので、図は上の右の図のようになり、**全体の面積は3になります**。このとき、Aがアタリの面積は1、Cがアタリの面積は2なので、**Aがアタリの確率は$\frac{1}{3}$、Cがアタ**

リの確率は$\frac{2}{3}$とわかります。

　よって、ゲストはCを選び直したほうが当たる確率が高まります。

＊7　「ゲストがA・司会者がC」「ゲストがB・司会者がA」など、計6通りのケースがあります。

NAGANO'S EYE

永野の目

この問題はモンティー・ホールが司会を務めるアメリカのショー番組"Let's make a deal"の中で出題されたものです。このときのゲストは「残った2つのドアのどちらかがアタリなのだから、当たる確率は変えても変えなくても$\frac{1}{2}$。確率が同じなら変えないほうが後悔しない」と考えて「変えない」を選択しました。

これに対して、ギネスブックで"最も高いIQを有する人物"として認定されているマリリン・ボス・サバントという人が、雑誌に連載していたコラムの中で「変えるべきよ。ドアを変更したほうが当たる確率は2倍になるもの」と書いたところ、読者から「彼女は間違っている！」という反論投書が1万通も届き、論争は2年にも及びました。正しかったのは、解答のとおり、サバントです。ドアを変えたほうが当たる確率は2倍になります。

確率の歴史は決して古くありません。

アントワーヌ・アルノーとピエール・ニコルという2人のフランス人が1662年に出版した『論理学、あるいは思考の技法』の中に出てくる「probabilité」が、数学的な意味で「確率」という言葉が使われた最初の例ではないかと言われています。

確率論はその後、クリスティアーン・ホイヘンス（1629-1695）、アブラーム・ド・モアブル（1667-1754）、トーマス・ベイズ（1702-1761）らの手によって発展し、19世紀初頭に**ピエール゠シモン・ラプラス**（1749-1827）が著した『**確率の解析的理論 (1812)**』およびその一般向けの解説書である『**確率の哲学的試論（1814）**』によって総括されました。

そのラプラスが、師である**ジャン・ル・ロン・ダランベール**（1717-1783）と活発な議論を交わしたとして有名な問題を紹介しましょう。

 コインを2枚投げて、2枚とも表である確率を求めなさい。 ‖

【解答】

　2枚のコインの表・裏の出方は（表・表）、（表・裏）、（裏・表）、（裏・裏）の4通り。よって（表・表）である確率は$\frac{1}{4}$。

　現代では、中学生のごく標準的な問題であり、ラプラスもこのように考えました。しかし、ダランベールは

　「コインの表と裏の出方は（表・表）、（表・裏）、（裏・裏）の3通り。よって（表・表）になる確率は$\frac{1}{3}$」

と考えてしまいました。

　しかし、2枚のコインが十円玉と百円玉の場合を考えてみればわかるように、2枚のコインのうち一方が表で他方が裏であるケースには十円玉が表で百円玉が裏になるケースと十円玉が裏で百円玉が表になるケースがあります。すなわち、（十円玉が表・百円玉が裏）と（十円玉が裏・百円玉が表）をまとめて（表・裏）として1通りに考えてしまうと、この（表・裏）は（表・表）や（裏・裏）と**同様に確からしく（62頁）なくなるため、誤りです。**

　ダランベールは18世紀のフランスを代表する数学者・物理学者・哲学者の一人で、当時のフランス啓蒙思想の代表的な成果のひとつである「百科全書」の責任編集者でした。そんな偉大な業績を上げた大科学者をもってしても誤った結論を導いてしまうくらい、確率の問題には難しさと危うさがあります。

　よく、「確率は直観と数学的に導かれる真実とが最も食い違う分野である」と言わ

れますが、モンティー・ホール問題もまさにその典型です。

「モンティー・ホール問題」を解く鍵をにぎる「条件付き確率」と「確率の乗法定理」をもう少し詳しく解説します。

《条件付き確率》

サイコロを振るという試行において、出る目が偶数になる事象をA、出る目が3の倍数になる事象をBとします。

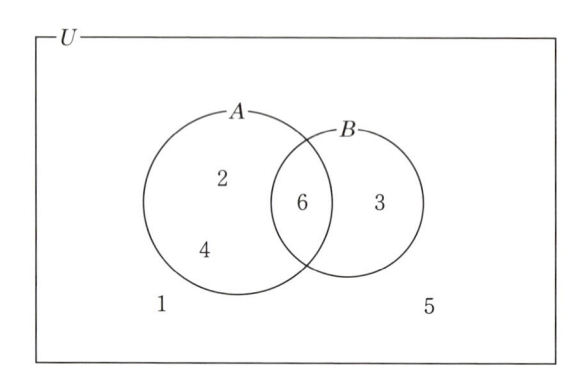

このとき、出る目が偶数でかつ3の倍数になる確率は（1〜6の中で6が出る確率なので）$\frac{1}{6}$です。これは事象Aと事象Bが共に起きる確率であり、記号で書けば

$$P(A \cap B) = \frac{1}{6}$$

となります。

一方、偶数の目が出たことがわかっているとき、その目が3の倍数である確率は（2、4、6の中で6が出る確率なので）$\frac{1}{3}$ですね。これは事象Aが起こったという前提で事象Bが起きる確率であり、こちらは記号で書けば

$$P_A(B) = \frac{1}{3}$$

です。$P_A(B)$を事象Aが起こったときの事象Bが起きる条件付き確率といいます。

$P(A \cap B)$と$P_A(B)$は混同しやすいので、注意が必要です。次の図を使って違いを理解しておきましょう。

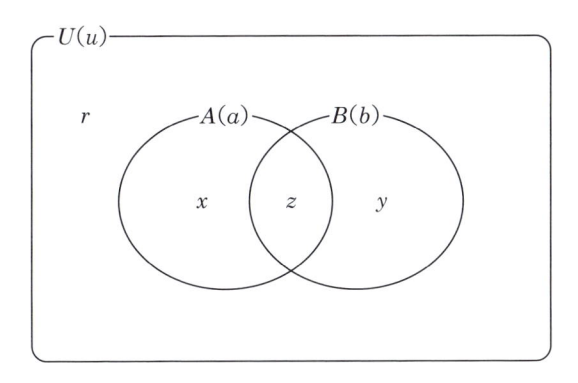

事象*A*の要素の数を*a*

事象*B*の要素の数を*b*

全事象*U*の要素の数を*u*

　上の図のように各領域に含まれる要素の数をx、y、z、rと名づけることにします。

　$P(A \cap B)$は、全事象Uに対する積事象$A \cap B$の確率なので

$$P(A \cap B) = \frac{z}{u} = \frac{z}{x+y+z+r} \quad \cdots ①$$

ですが、$P_A(B)$はAが起きたという前提の中でBが起きる確率なので、分母の要素の数はa（$=x+z$）になります。すなわち

$$P_A(B) = \frac{z}{a} = \frac{z}{x+z} \quad \cdots ②$$

です。

　①と②は、**分子は同じですが分母が違います。**

　また、$P(A)$は

$$P(A) = \frac{a}{u} = \frac{x+z}{x+y+z+r} \quad \cdots ③$$

なので、②の分母分子を$x+y+z+r$で割ると

$$P_A(B) = \frac{z}{x+z} = \frac{\dfrac{z}{x+y+z+r}}{\dfrac{x+z}{x+y+z+r}} = \frac{P(A \cap B)}{P(A)} \quad \cdots ④$$

と表せることがわかります。

《確率の乗法定理》

④より

$$P_A(B) = \frac{P(A \cap B)}{P(A)} \Rightarrow P(A \cap B) = P(A)P_A(B) \quad \cdots ⑤$$

⑤式を確率の乗法定理といいます。

条件付き確率と確率の乗法定理を使えば解決する、典型的な問題をもう一問紹介しましょう。俗に「**2人の子供問題**」と言われる問題です[8]。

（1）ジョーンズ氏には2人の子供がいます。第一子は女の子です。子供が2人とも女の子である確率を求めなさい。

（2）スミス氏には2人の子供がいます。少なくとも2人のうちの1人は男の子です。子供が2人とも男の子である確率を求めなさい。

なお、生まれてくる子供の男女比は常に1：1とします。

（1）の解答

事象Aと事象Bをそれぞれ次のように定めます。

事象A：第一子が女の子である。
事象B：第二子が女の子である。

生まれてくる子供の男女比は常に1：1なので、第一子のときも第二子のときも女の子が生まれてくる確率は$\frac{1}{2}$です。

すなわち

$$P(A) = P(B) = \frac{1}{2} \quad \cdots ①$$

ここで積事象$A \cap B$の確率、すなわち第一子も第二子も女の子である確率を求めると

$$P(A \cap B) = \frac{1}{2} \times \frac{1}{2} = \frac{1}{4} \quad \cdots ②$$

問題で問われているのは、「**第一子が女の子であるという前提で第二子も女の子である**」という**条件付き確率$P_A(B)$**です。

---

*8　様々なバリエーションがあり、問題文をほんの少し変えただけで違う答えになったり、また設定に曖昧さが残ってしまったりします。ここでは最も基本的な2問を紹介するに留めますが、ご興味のある方は「2人の子供問題」や「Boy or Girl paradox」で検索してみてください。

確率の乗法定理を使えば、

$$P(A \cap B) = P(A)P_A(B) \Rightarrow P_A(B) = \frac{P(A \cap B)}{P(A)} \quad \cdots ③$$

③に①、②を代入して

$$P_A(B) = \frac{P(A \cap B)}{P(A)} = \frac{\frac{1}{4}}{\frac{1}{2}} = \frac{1}{4} \div \frac{1}{2} = \frac{1}{4} \times \frac{2}{1} = \frac{2}{4} = \frac{1}{2}$$

図解もしておきましょう。

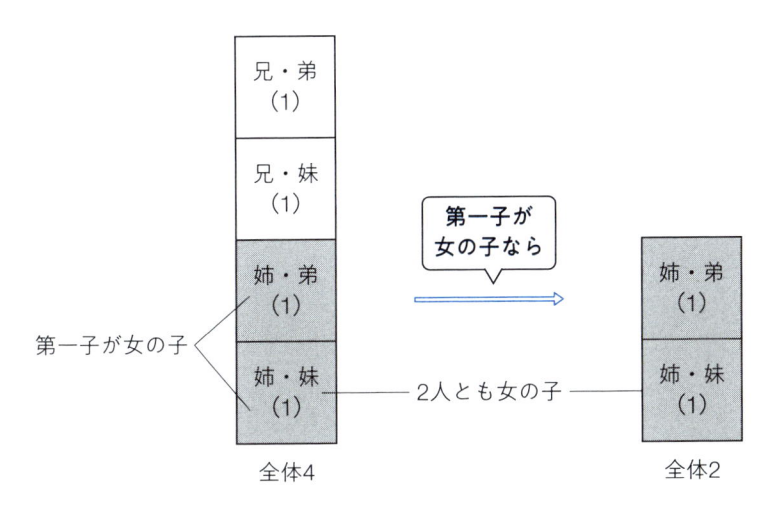

兄・弟 (1)
兄・妹 (1)
姉・弟 (1)
姉・妹 (1)
第一子が女の子
全体4

第一子が女の子なら

2人とも女の子

姉・弟 (1)
姉・妹 (1)
全体2

（　）内の数字は上の左の図の全体の面積を 4 としたときの、各事象の起こりやすさを面積で表したものです。上の図より、**第一子が女の子であるという前提では2人目も女の子である確率**は、$\frac{1}{2}$ であることがわかります。

(2)の解答

　事象Sと事象Tをそれぞれ次のように定めます。

事象S：第一子が男の子である。

事象T：第二子が男の子である。

（1）とまったく同様に考えて

$$P(S) = P(T) = \frac{1}{2} \quad \cdots ④$$

$$P(S \cap T) = \frac{1}{2} \times \frac{1}{2} = \frac{1}{4} \quad \cdots ⑤$$

を得ます。

　また「少なくとも1人は男の子」という事象は「第一子が男の子または第二子が男の子」という事象であり事象Sと事象Tの和事象$S \cup T$と考えられます。**和事象の確率**については、一般に

$$P(S \cup T) = P(S) + P(T) - P(S \cap T)$$

が成り立つので④と⑤から

$$P(S \cup T) = \frac{1}{2} + \frac{1}{2} - \frac{1}{4} = \frac{3}{4} \quad \cdots ⑥$$

　問題で問われているのは、「**少なくとも1人は男の子であるという前提で2人とも男の子である**」という**条件付き確率 $P_{S \cup T}(S \cap T)$** です。再び**確率の乗法定理**を使えば、

$$P((S \cup T) \cap (S \cap T)) = P(S \cup T) P_{S \cup T}(S \cap T)$$

$$\Rightarrow P_{S \cup T}(S \cap T) = \frac{P((S \cup T) \cap (S \cap T))}{P(S \cup T)} \quad \cdots ⑦$$

　ここで$(S \cup T)$と$(S \cap T)$の積事象$(S \cup T) \cap (S \cap T)$すなわち「少なくとも1人は男の子であり、かつ2人とも男の子である」は、「2人とも男の子である」と同じことなので[*9]、$P((S \cup T) \cap (S \cap T)) = P(S \cap T)$です。

　すなわち⑤より

$$P((S \cup T) \cap (S \cap T)) = P(S \cap T) = \frac{1}{4} \quad \cdots ⑧$$

⑦に⑥、⑧を代入して

$$P_{S \cup T}(S \cap T) = \frac{P((S \cup T) \cap (S \cap T))}{P(S \cup T)} = \frac{\frac{1}{4}}{\frac{3}{4}} = \frac{1}{4} \div \frac{3}{4} = \frac{1}{4} \times \frac{4}{3} = \frac{1}{3}$$

*9　事象$(S \cup T)$の中に事象$(S \cap T)$が含まれています。

こちらも図解しておきます。

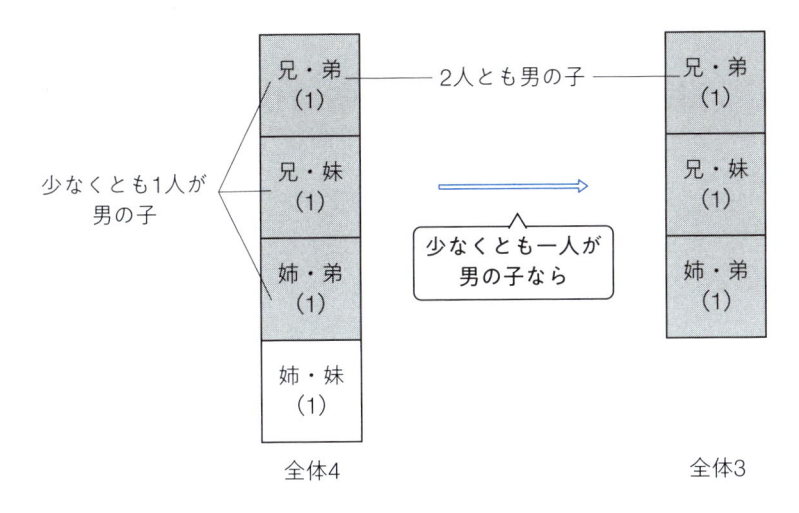

兄・弟（1）

少なくとも1人が男の子

兄・妹（1）

姉・弟（1）

姉・妹（1）

全体4

2人とも男の子

少なくとも一人が男の子なら

兄・弟（1）

兄・妹（1）

姉・弟（1）

全体3

上の図より、**少なくとも1人が男の子という前提では2人とも男の子である確率**は、$\frac{1}{3}$であることがわかります。

複雑な現実から本質を切り取る問題

パーティー問題　　　　　　　▶難易度: 易 普 **難**　　▶目標解答時間: **15**分

問　　3人が全員知り合い、または3人が全員他人という組が必ず存在するためには最低何人掛けのテーブルにすればよいか?

前提となる知識・公式

◎鳩ノ巣原理（123頁）

◎グラフ理論

　グラフ理論におけるグラフ[10]とは、いくつかの点とそれらを結ぶ**線**でできた下のような図のことをいいます。

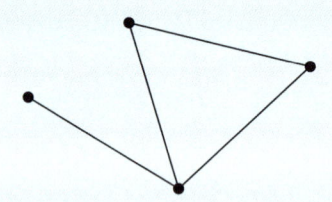

☞ 問題を解くためのアプローチと解答

グラフを使って考えていきましょう。

今、人を点で表し、知り合いは青線で他人は黒線で結ぶことにします。

---

[10]　これに対して、「関数のグラフ」はxy座標平面に、関数$y=f(x)$を満たす点の集合を図示したものです。

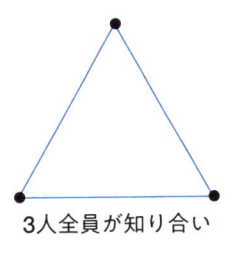

3人全員が知り合い

3人全員が他人

こうすると

「3人全員が知り合い」→「3辺がすべて青線の三角形」

「3人全員が他人」→「3辺がすべて黒線の三角形」

となるので、問題文にある「3人が全員知り合い、または3人が全員他人という組が必ず存在する」というのは「**どのように線を引いてもすべての辺が同じ色の三角形が必ず存在する**」と読み換えることができます。逆に言えば、3辺が同じ色の三角形が書けない場合が1つでもあれば、その点の個数では足りないということになります。

まず4人掛けと5人掛けの場合を検討してみましょう。

4人掛けの場合　　　　　　　5人掛けの場合

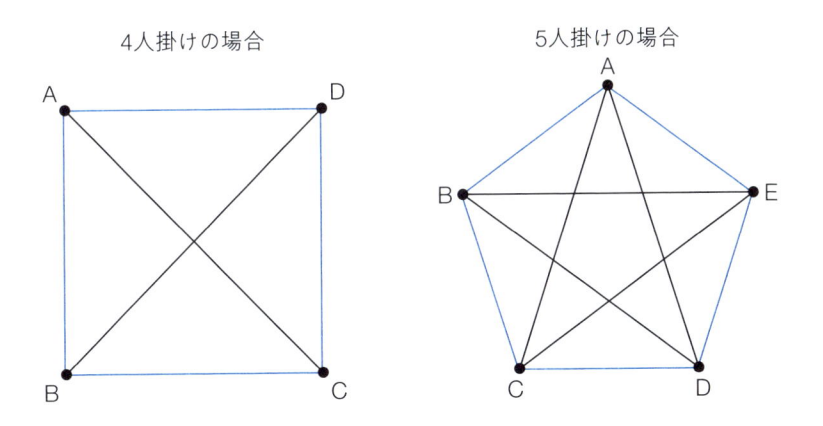

これらはどちらも**3辺が同じ色の三角形が存在しない例**[11]になっています。つまり4人掛けや5人掛けの場合にはそのうちの3人が全員知り合いであることもなく、かつ3人が全員他人であることもないケースが考えられます。4人掛けや5人掛けではまだ数が足りないというわけです。

では6人掛けではどうでしょうか？ 少しやってみればわかりますが、「3辺が同じ色の三角形が存在しない例（反例）」は見つかりません。6人掛けであれば、「どのよ

---

[11]　「どのように線を引いてもすべての辺が同じ色の三角形が必ず存在する」の反例です。

うに線を引いてもすべての辺が同じ色の三角形が必ず存在する」ことが期待できます。ただ、一般に必ず存在することを証明するのは容易ではありません。そこで存在証明に絶大な力を発揮する鳩ノ巣原理の出番です。

六角形を用意し、6つの頂点にA〜Fと名前をつけます。

Aから出る線は全部で5本あるので、それぞれに①〜⑤の名前をつけます。線の色は青か黒の2色です。

黒と青の部屋を一部屋ずつ用意し、2つの部屋に①〜⑤の数字を入れていくと、必ずどちらかの部屋に3つ以上の数字が入ることになります。つまり**5本ある対角線のうち3本以上は必ず同じ色になる**はずです（下の図は①と②が黒の部屋に入り、③〜⑤が青の部屋に入った例）。

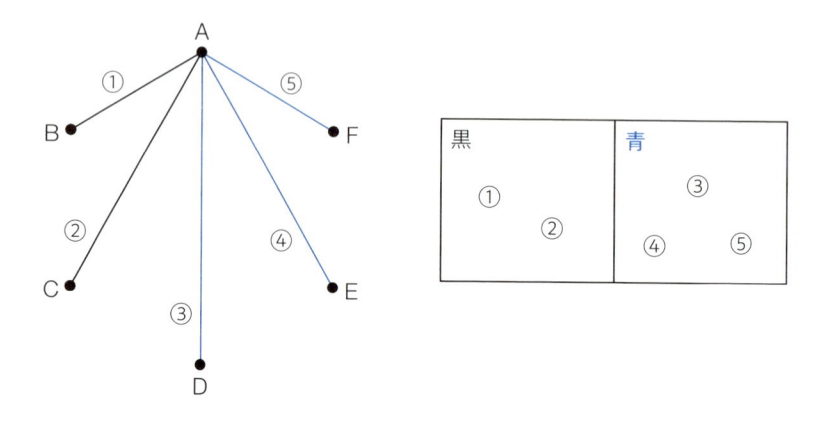

以下、図のようにAD、AE、AFの3本が青線のケースを考えます。

今、3点D、E、Fに注目し、これらの点を青線か黒線のどちらかで（自由に）結んでみましょう。

そうすると、**△DEFの3辺の色の塗られ方には次の図のように8パターンある**ことがわかります。

そして、これらのいずれの場合にも□ADEF内に**すべての辺が同じ色の三角形が少なくともひとつは存在します**（すべての辺が同じ色の三角形はグレーで塗りました）。

つまり、

   （ⅰ）D、E、Fは全員他人

   （ⅱ）A、D、Eは全員知り合い

（ⅲ）A、E、Fは全員知り合い

（ⅳ）A、D、Fは全員知り合い

（ⅴ）A、D、EとA、E、Fはそれぞれ全員知り合い

（ⅵ）A、D、FとA、E、Fはそれぞれ全員知り合い

（ⅶ）A、D、EとA、D、Fはそれぞれ全員知り合い

（ⅷ）A、D、E、Fは全員知り合い。

です。

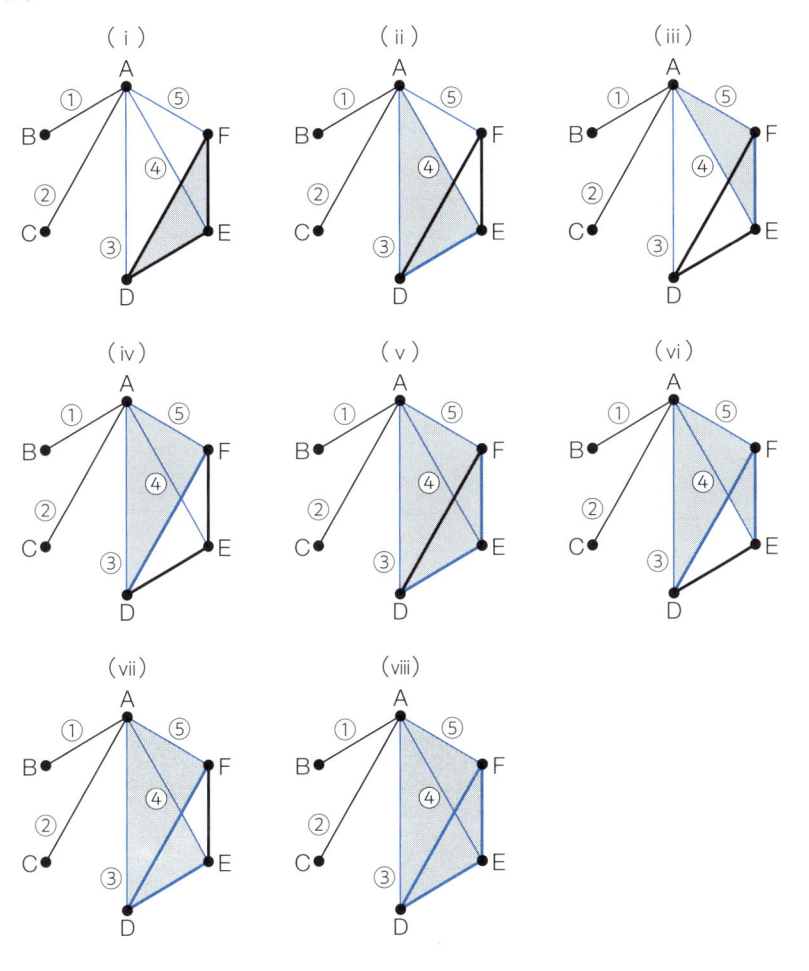

パーティー問題

同様の議論を繰り返せば、Aから同じ色の線が3本出る場合は、すべての辺が同じ色の三角形が必ず存在することがわかります[12]。もちろんAから同じ色の線が4本、5本出る場合もそのうちの3本を使えばすべての辺が同じ色の三角形が必ず存在することを示せます。

　これで、点の数が6個あれば「どのように線を引いてもすべての辺が同じ色の三角形が必ず存在」することが証明できました。

　以上より「3人が全員知り合い、または3人が全員他人という組が必ず存在する」ためには最低6人掛けのテーブルを用意すればよいことがわかります。

（証明終）

---

[12]　AB、AC、ADが黒線の場合やAB、AD、AFが青線の場合などいろいろあります（計 $_5C_3 \times 2 = 20$ 通り）が、どのケースもAD、AE、AFが青線の場合と同様にすべての辺が同じ色の三角形が必ず存在することが示せます。

永野の目

NAGANO'S EYE *

　一般に、**複雑な現実から本質を切り取って単純化すること**を<u>モデル化</u>といいます。現実社会に数学を応用する際には必ずモデル化が必要になると言っても過言ではありません。

　（グラフ理論における）グラフは物と物との関係をモデル化し、その構造的な特徴を表す道具として大変便利です。

　ちなみに電車やバスの路線図も駅と駅の順序の関係や乗り換えられる路線の関係などをモデル化したグラフの応用例だと言えます。

《ケーニヒスベルク問題とグラフ理論》

　グラフ理論は、18世紀に活躍し若くから天才の名を欲しいままにしたかの**レオンハルト・オイラー**（1707-1783）が、いわゆる「**ケーニヒスベルク問題**」を解決するために編み出したと言われています。

　当時、プロイセン王国の首都であったケーニヒスベルクにはプレーゲル川という川が流れていて、この川には次の図のように7つの橋が架けられていました。

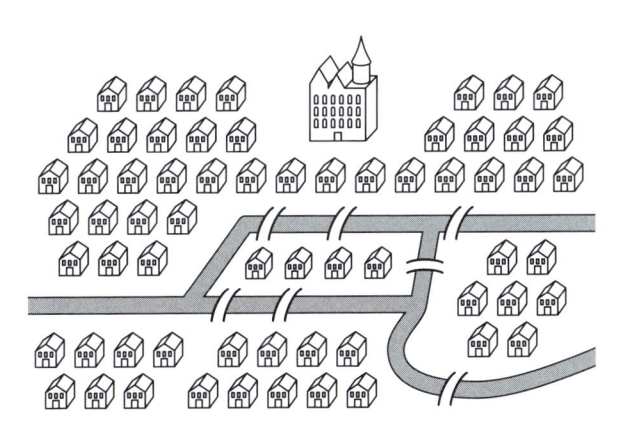

問　プレーゲル川に架かっている7つの橋をすべて1回だけ渡って、元の所に帰ってくることができるだろうか（ただし、どこから出発してもよい）？

【解説・解答】

　オイラーは川に隔てられた４つの土地と橋の関係を次のような**グラフ**でモデル化しました。

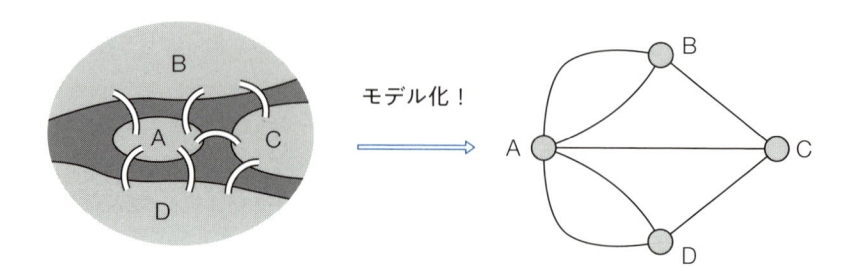

モデル化！

　このようにすると「ケーニヒスベルク問題」は、**右のグラフを（同じ線を二度なぞらずかつ起点にもどる）一筆書き**[*13]ができるか？　という問題に置き換わります。

　では、**同じ線をなぞらずに一筆書きができる条件**は何でしょうか？　ポイントは１つの○に出入りする線の数が奇数か偶数かに注目することです。

（１）奇点の場合　　　　　　　**（２）偶点の場合**

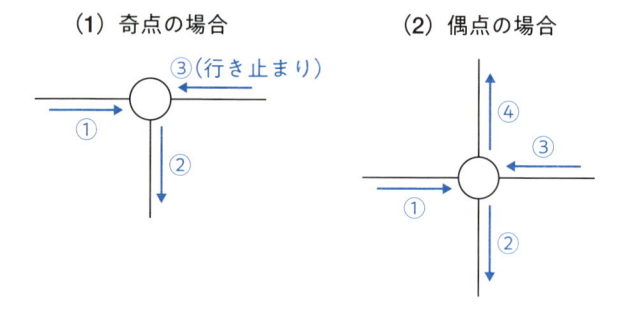

　上の図のように、１つの○に出入りする線の合計が奇数のとき、その○を**奇点**、偶数のときはその○を**偶点**と呼ぶことにすれば、

　　（１）奇点の場合は○に入る線と出て行く線とで２本を使ってしまうので、最終的には○に入ると出て行く線が残されていない状況になり行き止まる。

　　（２）偶点の場合は入ってくる線と出て行く線のセットを必ず確保することができるので行き止まりにはならない。

ということがわかります。

　つまり、途中の○で行き止まらずに起点にもどってくるためには、**グラフのすべての○が偶点でなければならない**わけです。

　あらためて、ケーニヒスベルク問題のグラフを見てみましょう。すべての○が奇点になっていますね（○の中の数字はその○に繋がる線の数を表しています）。

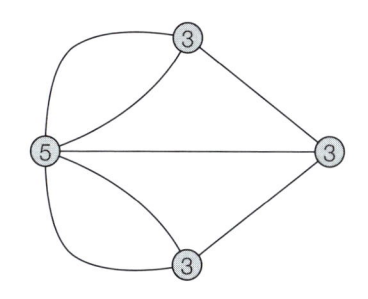

　つまり、**このグラフは一筆書きできません。**

　以上よりオイラーは、

> 「ケーニヒスベルクの7つの橋をすべて1回だけ渡って元の場所に帰ってくることはできない」

と結論づけました。

　図形の大きさや線と線の角度を無視して、お互いの「関係」だけに注目するオイラーのこの考えは、やがて「**位相幾何学（トポロジー）**」といわれる数学の一分野に発展しました。位相幾何学は「やわらかい幾何学」とも呼ばれ、オイラーの他に**カール・フリードリヒ・ガウス**（1777-1855）もその開祖として有名です。

　グラフは、複数の個体間の「関係」を単純化する優れたモデルであり、コンピュータのアルゴリズム（処理手順）や社会における人間どうしの関係なども表すことができます。この**グラフの性質について研究するのがグラフ理論であり、その応用範囲は極めて広い**です。

データと推定量を論理的に組み合わせる問題

フェルミ推定　　　　　　　　　　▶難易度：易 普 裕　　▶目標解答時間：**5**分

問　シカゴにはピアノ調律師が何人いるか？

前提となる知識・公式

◎フェルミ推定[14]

問題を解くためのアプローチと解答

いくつかの段階に分けて考えていきたいと思います。

（ⅰ）仮説

「シカゴにおいてはピアノ調律師の需要と供給のバランスが取れている」という仮説を立てて、以下「シカゴにあるすべてのピアノを調律するために必要な調律師の数」を考えることにします。

（ⅱ）問題の分解

（ⅰ）の仮説のもとでは「実際の調律師の数＝必要な調律師の数」と考えることができます。必要な調律師の数は、

年間の調律回数の合計÷調律師1人あたりの年間の調律回数

で求めることができるでしょう[15]。

上の式における「**年間の調律回数の合計**」は

ピアノの台数×ピアノ1台あたりの年間の調律回数

---

[14]　詳しくは後述します。

[15]　「1年」で考えるのは、推定や計算がラクそうだからです。

で計算できます。

「**ピアノの台数**」は

世帯数×ピアノを持っている世帯の割合

で求められます。

「**世帯数**」は

シカゴの人口÷1世帯あたりの人数

から割り出します。

　以上より、シカゴの調律師の数を見積もるために必要な数は以下の5つの数字です。このうち「シカゴの人口」は実際のデータを使いましょう。

- ・シカゴの人口（データ）
- ・1世帯あたりの人数（推定量①）
- ・ピアノを持っている世帯の割合（推定量②）
- ・ピアノ1台あたりの調律の回数（推定量③）
- ・調律師1人あたりの調律の回数（推定量④）

（ⅲ）データの確認

　シカゴはアメリカ国内でニューヨーク、ロサンゼルスに次いで人口の多い都市であり、**シカゴの人口は約300万人**です。

（ⅳ）推定量の決定

推定量①：1世帯あたりの人数

　人口300万人の街に世帯はどれくらいあるでしょうか？　もちろん1人の世帯も4人の世帯も10人の世帯もあると思いますが、ここでは平均して**1世帯の人数は3人**ということにします。

推定量②：ピアノを持っている世帯の割合

　ピアノがある世帯はどれくらいあるでしょうか？　日本とアメリカでは事情が違うでしょうが、小学校のとき「ピアノを習っている」子供はクラスに何人くらいいたかを考えてみましょう。共学の場合、40人のクラスならピアノを習っているのは4〜5人というケースが多いのではないでしょうか？　そこで**ピアノを持っている世帯は全世帯の10%**ということにします。中学〜高校になるとピアノをやめてしまう人は

少なくありませんし、誰も弾かないピアノ（物置きと化しているピアノ）は除外すべきなので、少し多めですが、家庭以外にも学校や公民館、ホールなどにもピアノはありますから、だいたいこの程度ということにします。

推定量③：ピアノ1台あたりの調律の回数（年間）

　ピアノは普通**1年**に**1回**は調律が必要です。

推定量④：調律師1人あたりの調律の回数（年間）

　1人の調律師が1年で調律できる台数を考えます。何台くらいだと思いますか？ピアノの調律というのは重労働でとても時間がかかります。どんなに頑張っても**1日に3台**が限度でしょう。また、調律師は週休2日で年間250日稼働すると考えます。

$$3[台/日] \times 250[日] = 750[台]$$

より、1年で1人が調律できるピアノ台数は**約750台**です。

（ⅴ）総合

　（ⅲ）のデータと（ⅳ）の推定量をふまえてシカゴのピアノ調律師の数を推定していきます。

・世帯数：

$$300[万人] \div 3[人/世帯] = 100[万世帯]$$

・ピアノの台数：

$$100[万世帯] \times 10\% = 10[万台]$$

・必要な調律の回数（年間）：

$$10[万台] \times 1[回/台] = 10[万回]$$

・必要な調律師の数（年間）：

$$10[万回] \div 750[回/人] = 133.3\cdots[人]$$

より、**シカゴのピアノ調律師の数は約133人**と推定されます。

答え：　　　　　　　　　　　　約133人

NAGANO'S EYE

永野の目

本問のように「**だいたいの値**」を**見積もる手法**のことを フェルミ推定 といいます。

「フェルミ推定」という言葉は、2004年に出版されたスティーヴン・ウェップ著『広い宇宙に地球人しか見当たらない50の理由―フェルミのパラドックス』（青土社）の中で初めて使われたと言われています。

近年では、GoogleやMicrosoftといった企業が入社試験に「**東京にはマンホールがいくつあるか?**」のような概数を見積もらせる問題を頻繁に出していることもあり、ビジネスシーンでもフェルミ推定は重宝されるようになってきました。

フェルミ推定の名前の由来になったのは、「原子力の父」として知られるアメリカのノーベル賞物理学者**エンリコ・フェルミ**（1901-1954）です。

理論物理学者としても実験物理学者としても目覚ましい業績を残したフェルミは、「だいたいの値」を見積もる達人でもありました。爆弾が爆発した際、ティッシュペーパーを落とし、爆風に舞うティッシュの軌道から爆弾の火薬の量を概算で弾き出したこともあったとか。

本問はそのフェルミがシカゴ大学で行った講義の中で学生に出した問題として大変有名です。

《フェルミ推定の手順》

「解答」でも示したように、フェルミ推定では以下のような手順を踏みます。

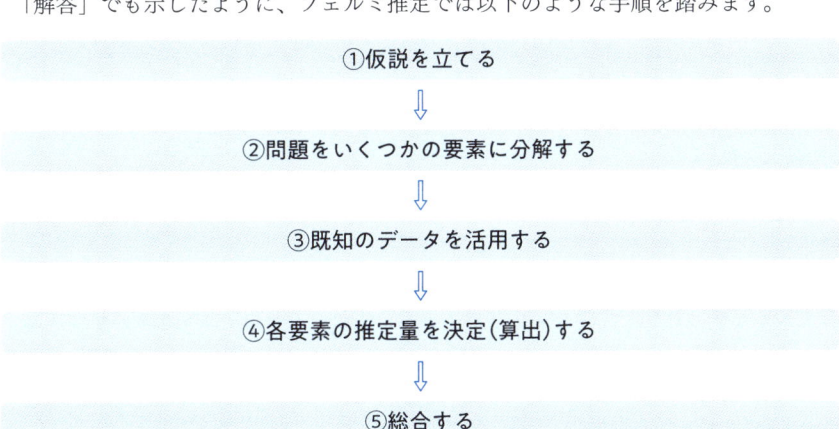

①仮説を立てる

⇩

②問題をいくつかの要素に分解する

⇩

③既知のデータを活用する

⇩

④各要素の推定量を決定(算出)する

⇩

⑤総合する

入社試験などにおける「フェルミ推定」の**目的は、正確な値（本当の値）を出すことではありません。**わずかなデータと自らが割り出した推定量を元に**論理的に答えを導けるかどうか**が問われます。

フェルミ推定では、実際の値に近い値が得られることが少なくありません。なぜなら、問題を分解していくつかの推定量を用いるため、その一つ一つが多少大きすぎたり小さすぎたりしても、総合する段階でそれぞれの誤差を打ち消し合う[16]ケースが多いからです。

自然科学においてフェルミ推定を行った場合には、最後に「実際の数値と比べてどうであったか？」を検証する必要があります。

これについてフェルミは非常に含蓄のある言葉を残しています。

「実験には2つの結果がある。もし結果が仮説を確認したなら、君は何かを計測したことになる。もし結果が仮説に反していたら、君は何かを発見したことになる」

「フェルミ推定」の練習問題をもう一題やってみましょう。

 問　プロのサッカー選手（キーパーを除く）が1試合で移動する距離を見積もりなさい。

【解答例】[17]

《仮説》

キーパー以外のサッカー選手が1試合で移動する距離はポジションに関係なく「平均の速度×試合時間」で求まることにします。

《問題の分解》

サッカーの試合時間は通常90分なので、「試合時間＝90分」はデータとして使うことにします。

選手の平均速度を出すには、（キーパー以外の）選手が1試合の中で**歩くときの速度と走るときの速度**を見積もり、さらに**歩く時間と走る時間**を推定する必要があります。

＊16　「実際より大きい値×実際より小さい値≒実際の値」のようになるという意味です。
＊17　フェルミ推定にはいろいろなアプローチが考えられますし、推定量も人によってまちまちなので、ここで示す解答はあくまで解答例です。

すなわち、以下の5つの数字が必要です。

- 試合時間（データ）
- 歩くときの平均速度（推定量①）

- 走るときの平均速度（推定量②）
- 歩く時間（推定量③）
- 走る時間（推定量④）

《データ》

　試合時間→90分＝**1.5時間**

《推定量の決定》

　以下の量を推定します。

- 歩くときの平均時速→**時速4km**
- 走るときの平均時速→**秒速5m**[18]。
- 選手が歩く時間→**1時間**
- 選手が走る時間→30分＝**0.5時間**

《総合》

　選手の歩く時間は1時間なので、時速4kmで歩く距離は

$$4 \times 1 = 4 \text{ km}$$

走る時間は0.5時間なので、秒速5m（時速18km）で走る距離は

$$18 \times 0.5 = 9 \text{ km}$$

よって、選手が1試合で移動する距離の推定値は

$$4 + 9 = 13 \text{km}$$

　ちなみに実際のデータを調べると、プロのサッカー選手の1試合（90分）あたりの走行距離は約11kmです。また2014年のW杯で最も走行距離が長かったのはアメリカ代表のマイケル・ブラッドリー選手で、1試合あたりは12.62kmでした。

---

[18]　100m走の世界記録が約10秒＝秒速10mなのでその半分。

すべてのケースを網羅し情報を図解する問題

ゲーム理論　　　　　　　▶難易度: 易 **並** 難　　▶目標解答時間: **10**分

問　　卓球の試合において、相手が打ってくる球がフォアである場合、あらかじめフォアと予想していれば80%の確率で打ち返せるが、バックと予想していた場合は打ち返せる確率は30%になってしまうものとする。また相手がバックに打ってくる場合、フォアと予想していた場合に打ち返せる確率は20%で、バックと予想していた場合に打ち返せる確率は50%とする。

　　このとき、プレイヤーはどのくらいの割合でフォアと予想すべきか答えなさい。

前提となる知識・公式

◎ゲーム理論（ゼロサムゲームにおけるミニマックス戦略）

　　ゼロサムゲーム（一方が勝てば他方は負けるゲーム）において、**最適な戦略は損失を最小にする戦略**であり、これを「**ミニマックス戦略**」といいます[19]。

☞ 問題を解くためのアプローチと解答

【打ち返せる確率】

割合	自分＼相手	フォアに打ってくる	バックに打ってくる
p	フォアと予想	80%	20%
$1-p$	バックと予想	30%	50%

プレイヤー（自分）が「フォア」と予測する割合をpとして、問題にある条件を表

＊19　詳しくは後述します。

にすると上のようになります。

このとき、打ち返せる確率をwとしましょう。

相手がフォアに打ってくる場合は、

$$w = 0.8 \times p + 0.3 \times (1-p) = \boldsymbol{0.5p + 0.3}$$

です。一方、相手がバックに打ってくる場合は、

$$w = 0.2 \times p + 0.5 \times (1-p) = \boldsymbol{-0.3p + 0.5}$$

この2つの確率を横軸にp、縦軸にwをとってグラフに表してみましょう。

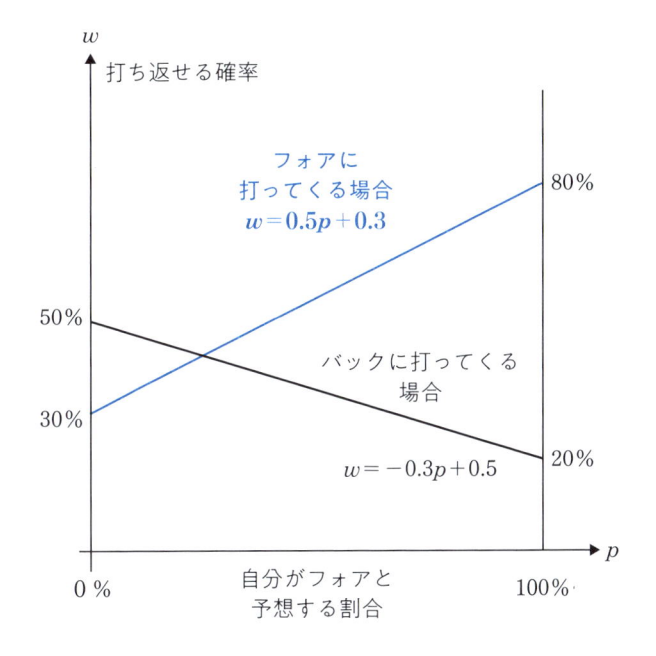

さてこの卓球の試合において、自分にとっての「**最悪な状況**」はどういうケースでしょうか?[20]

それは打ち返せる確率が低いほう（グラフが下側になる方）のショットを相手が選択するときですから、最悪な状況（損失が最大のケース）における打ち返せる確率は、次頁の図のような2直線の交点を頂点とする山形のグラフになります。

---

[20] 「最悪」といっても今回は「フォアに打ってくる」と「バックに打ってくる」の2つしかないので、より打ち返せる確率が低いほうが「最悪の状況」です。

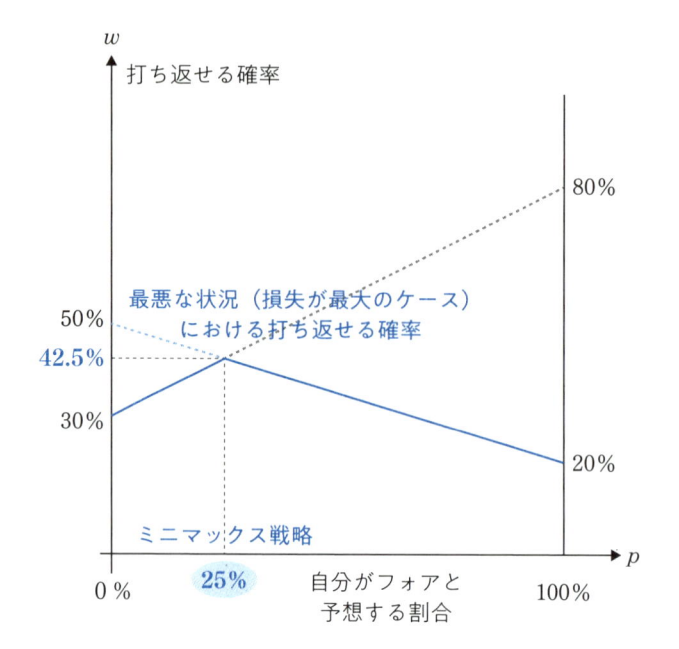

交点は次の連立方程式を解けば求まります。

$$\begin{cases} w = 0.5p + 0.3 & \cdots① \\ w = -0.3p + 0.5 & \cdots② \end{cases}$$

①を②に代入して

$$0.5p + 0.3 = -0.3p + 0.5 \Rightarrow 0.8p = 0.2 \Rightarrow p = \frac{0.2}{0.8} = \frac{1}{4} = \mathbf{0.25}$$

このとき、①より

$$w = 0.5p + 0.3 = \frac{1}{2} \times \frac{1}{4} + \frac{3}{10} = \frac{1}{8} + \frac{3}{10} = \frac{5 + 12}{40} = \frac{17}{40} = 0.425$$

以上より、25%の割合（4回に1回の割合）でフォアと予想すれば、「最悪な状況」において損失を最小（打ち返せる確率を最大）にできることがわかります。

なお、このときの打ち返せる確率は42.5%です。

答え：　　　　　　　　　　　　25%

永野の目

ゲーム理論とは、「複数のプレイヤーが選択するそれぞれの戦略が、当事者や当事者の環境にどのように影響するかを分析する理論」のことを言います。平たく言えば、2人以上のプレイヤーが利害関係にあるとき、どのような結果が生じるかを示し、どのように意思決定するべきかを教えてくれる理論のことです。ゲーム理論における「プレイヤー」は「国家」である場合も、企業や組織である場合も、個人である場合もあります。

ゲーム理論を最初に考えたのは、ハンガリーに生まれアメリカで活躍した「異能」の数学者ジョン・フォン・ノイマン（1903-1957）でした。1944年にノイマンと経済学者のオスカー・モルゲンシュテルン（1902-1977）が著した『ゲームの理論と経済行動』は20世紀最高の名著のひとつに数えられています。

ノイマンは自身が開発した黎明期のコンピュータとの計算勝負に勝ったり、同僚の数学者が3ヶ月かけて得た結論を数分で導き出したり、とにかく驚異的な能力を持っていました。アメリカのプリンストン高等研究所で同僚だったアインシュタインも「世界一の天才はノイマンである」と答えています。あまりに人間離れしていることから、ノイマンは神様であるが、人間というものをよく研究しているため人間そっくりにふるまうことができるのだという話が伝えられていたそうです。

ゲーム理論は、誕生からわずか100年足らずの歴史の浅い理論であるにもかかわらず、今日では経済学、経営学、政治学、社会学、情報科学、生物学、応用数学など非常に多くの分野で応用されています。

《ゼロサムゲーム》

ノイマンがゲーム理論を着想したとき、最初に考えたのは碁やチェスのように自分の勝ち負けと相手の勝ち負けがちょうどあべこべになるゲームでした。このような一方が勝てば他方は負けるゲームは、利益と損失が相手とちょうど相殺して差し引きゼロになるので、「ゼロサムゲーム」といいます。

ゼロサムゲームにおける最適な戦略は「いかにして負けないか」を考えることにあるというのがノイマンの理論です。言い換えるとそれは、自分にとっての最悪な状況における損失（マックスの損失）を最小（ミニ）におさえるという方針であり、ノイマンはこれを「ミニマックス戦略」と呼びました。

《囚人のジレンマ》

「ゲーム理論」と聞くと、いわゆる「囚人のジレンマ」を想起する方は少なくないと思いますので、こちらについても説明しておきましょう。

ある大事件の容疑者が2人いてそれぞれ別件の微罪で捕まえられています。仮にこの2人を囚人A、囚人Bとします。検察は2人と次のような司法取引[21]をすることにしました。

> （1）相手が黙秘し、お前が自白したら、お前は釈放
> （2）相手が自白し、お前が黙秘したら、お前は懲役10年
> （3）2人とも黙秘なら、2人は懲役1年（微罪による刑罰のみ）
> （4）2人とも自白なら、2人は懲役5年

なおA、Bは隔離され、お互いに取り調べ中の相棒の言動を知ることはできません。

まず囚人Aの立場に立って考えてみます。囚人Bが黙秘する場合、Aは自白したほうが得です（釈放されます）。

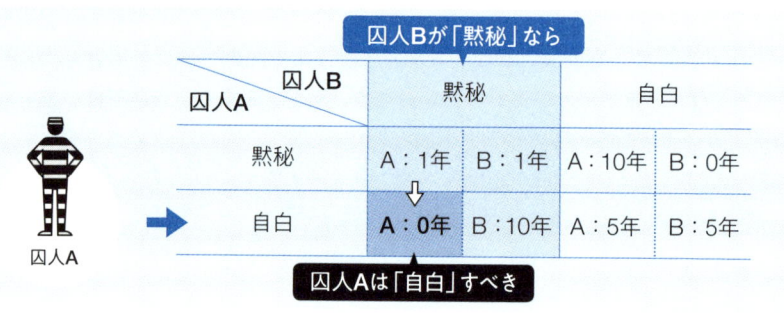

一方**Bが自白する場合もAは自白したほうが得**です（そうしないと自分だけ懲役10年になってしまいます）。

＊21 裁判において、被疑者や被告人が検察官と取引し、捜査に協力することで、不起訴や減刑などの処遇を受けられる制度。

いずれの場合も自白したほうが得なので、合理的に判断するとAは自白を選択するべきであることがわかります。もちろんこれはBにとっても同じです。結局2人は共に懲役5年になります。

		囚人Bの合理的選択		
囚人A ＼ 囚人B	黙秘		自白	
黙秘	A：1年	B：1年	A：10年	B：0年
		ベター	↓	
自白	A：0年	B：10年	**A：5年**	**B：5年**

囚人Aの合理的選択

合理的選択の結果

ただし、この結果には問題があります。なぜなら2人とも黙秘のケース（2人とも懲役1年）のほうが、2人とも自白のケース（2人とも懲役5年）よりも良い結果になるからです。

結局、囚人のジレンマとは、**お互い協力する（黙秘する）ほうが協力しない（自白する）よりも良い結果になることがわかっていても、協力しない者が利益を得る状況では互いに協力しなくなってしまうというジレンマ**のことをいいます。

「囚人のジレンマ」にあてはまる例は、値下げ合戦、秩序問題、環境問題…などたくさんあります。囚人のジレンマは、「個々人が合理的な判断に基づいて行動すれば、社会全体はうまくいくはず」という社会通念を覆すものであり、これは経済学や社会学、哲学等に非常に大きな影響を与えました。

《囚人のジレンマを解消する方法》

囚人のジレンマを解消するためには事前に「**非協力的な立場をとると利益を損失するという協定（罰則）を設ける**」ことが有効です。上の例で囚人Aと囚人Bが互いに「おい、もし捕まっても絶対に口を割るんじゃないぞ。もし裏切ったら（自白したら）後で大変なことになるからな！」と約束し合っておけば、2人が自白をする可能性は低くなるでしょう。そうすれば共に「黙秘」となり、2人はより良い結果を得やすくなります。

ただし、国家間の争いの場合には有効な罰則を設けることが難しいことがあります。また地域のゴミ問題などでは、非協力的な行為（不当行為）に対する監視コストがか

かりすぎるため、仮に協定を設けても機能しない場合もあり、問題は複雑です。

囚人のジレンマについてひとつ例題をやってみましょう。

> **問** 近所に店を構える店Aと店Bは共に電化製品の小売店です。ここのところ両店は激しい値下げ合戦を繰り広げており、お互い苦しい立場となっていますが、値下げ合戦を止めることができません。その理由を答えなさい。

【解答】

店Aの立場になって考えます。

両店が「高値を維持」か「値下げ」のどちらを選択するかによって**A**にとっての利益は次の4段階に分けられます。

> 《**最良**》**A**は「**値下げ**」＆**B**は「**高値を維持**」
> →**A**だけが売れます。
> 《**良**》**A**は「**高値を維持**」＆**B**も「**高値を維持**」
> →**A**も**B**もそこそこの利益が得られます。
> 《**悪（最悪よりはマシ）**》**A**は「**値下げ**」＆**B**も「**値下げ**」
> →利益は薄いが「**B**だけが売れる」という状況は回避できます。
> 《**最悪**》**A**は「**高値を維持**」＆**B**は「**値下げ**」
> →**B**だけが売れます。

以上を表にしてみます。

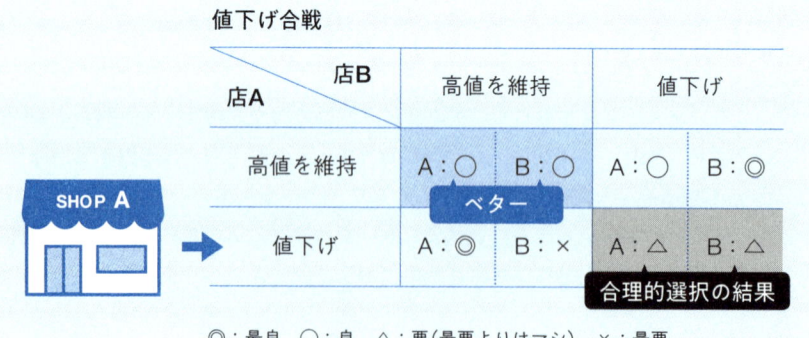

値下げ合戦

店A ＼ 店B	高値を維持		値下げ	
高値を維持	A：○	B：○	A：○	B：◎
値下げ	A：◎	B：×	A：△	B：△

ベター（「高値を維持」＆「高値を維持」）／合理的選択の結果（「値下げ」＆「値下げ」）

◎：最良　○：良　△：悪（最悪よりはマシ）　×：最悪

もしBが高値を維持するならAは値下げします。そうすれば《良》→《最良》に
なるからです。
　逆にもしBが値下げをするならAはやはり値下げします。そうすれば《最悪》→
《悪》になるからです。
以上の事情はBにとっても（もちろん）同じなので、結局両店は共に「値下げ」を
選択し、値下げ合戦を止めることができません。

　この「囚人のジレンマ」によって、世の中の小売店はどこも値下げ合戦に頭を悩ま
せていると思いますが、値下げ問題とは無縁の商品もあります。書籍です。
　書籍は普通どこの書店でも定価（高値）で売られています。これは、書籍に関して
は「再販売価格維持」という、メーカーが小売業者に対し商品の小売価格の値段変更
を許さずに定価で販売させる行為（いわゆる「再販行為」）が特別に許されているか
らです[22]。
　一方、書店は再販行為を受け入れることで、売れ残りの商品を買い取ってもらうと
いう契約を結びます。このメリットを失うことは、値下げによって得る利益を超える
極めて大きな損失ですから契約は守られ、書籍はどこでも定価で売られているのです。

---

[22]　他に、雑誌・新聞・音楽ソフトも著作物として再販行為が許されています。

永野裕之
NAGANO HIROYUKI

1974年東京生まれ。暁星高等学校を経て東京大学理学部地球惑星物理学科卒。同大学院宇宙科学研究所（現JAXA）中退。高校時代には数学オリンピックに出場したほか、広中平祐氏主催の「第12回数理の翼セミナー」に東京都代表として参加。現在、個別指導塾「永野数学塾」の塾長。大人にも開放された数学塾としてNHK、日本テレビ、日本経済新聞、ビジネス誌などから多数の取材を受ける。2011年には週刊東洋経済にて「数学に強い塾」として全国3校掲載の1つに選ばれた。主な著書に『大人のための数学勉強法』（ダイヤモンド社）、『ふたたび微分・積分』（すばる舎）、『数に強くなる本』（PHP研究所）など。

すうがくてきしこうりょく み
数学的思考力が身につく

でんせつのにゅうしりょうもん
伝説の 入試良問

2018年8月30日　第1刷発行
2020年6月20日　第2刷発行

著　者／永野裕之
発行者／佐藤　靖
発行所／大和書房
　　　　東京都文京区関口1-33-4
　　　　〒112-0014
　　　　電話　03（3203）4511

アートディレクション／北田進吾
デザイン／堀 由佳里
本文DTP／株式会社明昌堂
本文印刷／厚徳社
カバー印刷／歩プロセス
製本所／ナショナル製本